学会自己长大 ②

如何成为更受欢迎的人

和云峰 著

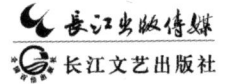

长江出版传媒
长江文艺出版社

推荐语

我一辈子都在研究杂交水稻，希望超级杂交水稻走向全世界，解决全世界人的粮食问题；云峰的《学会自己长大》帮助青少年儿童学会独立思考，理性地对待成长的困惑，学会学习，学会自己长大。也希望云峰能够一辈子做教育帮助更多青少年学会自己长大，成为更优秀的自己，为世界的发展做贡献！

——袁隆平　中国工程院院士，杂交水稻之父

青少年是祖国的希望、民族的未来。于此，我希望读过此书的孩子，都能真正如和云峰博士所言，学会自己长大。

——周其凤　中国科学院院士，北京大学原校长

和云峰秉持着这样一个观念：自己是一切的根源，再好的方法也需要自己的执行。和云峰的《学会自己长大》，教你如何思考，如何找到解决方法，从而撬动自身的成长。每个不甘平凡的人，都应该读一读。

——卢勤　"知心姐姐"，著名家庭教育专家

和云峰一直在思考关于成长的问题，这本书最大的价值是告诉我们：学习，一切在于自己。当你学会了自己寻找解决问题的办法时，你就获得了主动权，从而掌握了明天。

——李镇西　著名教育家，新教育研究院院长

古语有云："授人以鱼不如授人以渔。"云峰的《学会自己长大》正是当今教育领域难得一见的授人以渔之书。

——祖书勤　中国关工委常务副主任，中国少年儿童基金会监事

在这个不断变化的时代，青少年的成长环境更加复杂了，该如何面对学习和成长中的问题？云峰的《学会自己长大》为孩子们提供了自助手册，不是说教也不是单纯地给答案，而是帮孩子们学会分析和思考，明白自己是一切的根源，让孩子们有信心成为更好的自己，能够学会自己长大！

——陈志文　中国教育在线总编辑，国家教育考试指导委员会专家成员

当今图书市场，有销量的书未必有营养，有营养的书未必有销量。而云峰的《学会自己长大》却是有销量，更有营养，适合孩子，更适合家长。这实在令人羡慕，也令人赞赏。

——空林子　著名诗人

今人常说，"男人至死是少年。"今人又说，"女人永远十八岁。"然而，某些不曾长大、亦不愿长大的"男生""女生"，也已经为人父母了。买一本云峰的《学会自己长大》吧！给孩子读，更要给自己读。由此，让我们一起学会自己长大。

——赵缺　新国风诗社社长

青少年在成长过程中，逐步学会与自己、与他人、与社会相处，构建良好的师生关系、朋友关系、亲子关系至关重要。《学会自己长大》能让他们深切地认识到：没有人能代替自己的成长，只有自己才能掌控自

己的人生。

——郇庆治　北京大学马克思主义学院教授，教育部长江学者特聘教授

《学会自己长大》不是为你提供具体解决某一个问题的方法论，而是改变你的思考方式，从而改变你的学习方式和行动方式。当你学会了从自己开始思考，就是掌握了人生的主动权。

——赵玉兰　中国人民大学教授、博士生导师，教育部青年长江学者

在当今移动互联网高速发展的时代，青少年正面对着全新的机遇和挑战。每个人都不是一座孤岛。《学会自己长大》中提出的青少年成长中可能遇到的种种困惑和迷茫，相信会让你感到共鸣，生出努力向前的动力。

——姜小川　中共中央党校（国家行政学院）教授、博士生导师

身处互联网时代，我们每天都会接收到大量资讯。唯有学会思考和辨析，在坚持不懈地学习中成长，才能更好地适应时代的发展。可以说，《学会自己长大》不仅是写给孩子的，也是写给家长和社会的。

——程萍　中共中央党校（国家行政学院）教授、博士生导师

成长是个永恒的话题。希望所有阅读《学会自己长大》的青少年都能从中受到启发、汲取精华，让生命变得丰富而辽阔。

——李凯林　中国政法大学人文学院教授、博士生导师

总序——十年磨一剑，成长再起航

  关于成长，我一直怀着深深的敬意，自《学会自己长大》出版至今整整十年了。十年磨一剑，这十年我和数万名读者同学交流，看到了无数同学的成长问题和困惑，而这十年也是我人生变化最复杂的十年，我对"学会自己长大"理解得也更为深刻。我们总是在事到临头时焦虑，而事后又开始悔恨，其实，人生可以早知道，我希望这本书能够起到这个作用，帮助更多同学走出成长的困惑，成长中你的孤单有一个知心大哥在陪伴！

  在移动互联网的信息时代，一切变化太快了，从以前的博客、公众号文字，到后来的音频，再到现在的短视频，还有网络小说和无处不在的网络游戏，来自网络的诱惑越来越大。学习和成长的环境及要求发生了巨大的变化，如何才能不迷失？如何立足当下，又能够面向未来，适应时代的发展，培养自己不同于父母那个年代的能力，让自己有竞争力？这就需要孩子们学会自己长大，因为未来的学习和成长，更依赖于自己的主动性！

《学会自己长大》凝聚了我做完数十万人讲座和分享后的思考。正如那句话"你可以不成功，但不能不成长"，只要我们还有生命，就一定会成长，而成长为什么样子，我们每个人则不相同。我们常常羡慕别人的优点和成绩，唯独忽略了自己的，一比较就出现了落差——当你无法面对落差时，它会成为阻碍你成长的刽子手；当你能坦然面对，并去利用它时，它又成了你成长的动力。随着成长，我们的认知圈会不断扩大，会遇到各种各样的问题，关于青春和成长，我们逃不开七类问题——自我问题、学习问题、情绪问题、行为问题、人际关系问题、情感问题和目标生涯规划问题。我一直认为问题意味着进步的机会，解决了问题就是一种进步，我们要成长就会突破原来的"空间"进入更大的"空间"，在新的"空间"就会遇到新的问题。

很多同学在遇到问题时，总渴望外界有人能够给予帮助，仿佛外人总有一服"灵丹妙药"，能够解决自己的问题。但每个人的问题各不相同——即使问题相同，出现问题的人与环境又不同。这样的万能钥匙很难寻到。我一直信奉"答案不在别人身上"，自己问题的答案始终在自己身上。今天我们缺少的不是单纯的方法，而是缺少发现问题、面对问题、分析问题和解决问题的能力，你可能看过不少解决问题的书籍，但你照做了还是有很多问题，任何方法都只是方向，每个人的能力、心态以及所处的环境不同，导致的结果可能就大不相同，这时候我们就需要回到纵向，看到自己的成长和进步。

"自己是一切的根源"，移动互联网时代，"连接"和"数据"是它的两大核心，我们可以和其他人连接，能够在互联网获得我们想要的内容，所以，利用各种资源自学的能力是非常重要的。在今天和未来，你会越来越成为"中心"，"学会自己长大"会越来越重要，也正是在这样一个时代背景下，我重新梳理了《学会自己长大》，希望能够帮助大家在移动互联网时代学会自己长大。

在《学会自己长大》系列中，我将向大家展示一个全新的思考和成长体系，面向未来，在移动互联网时代，我们该具备什么样的思维方式？在现在和未来有竞争力，要求我们具备什么样的能力？要想获得这些思考方式和能力，该如何锻炼和培养？面对无处不在的网络诱惑，我们该如何不迷失自己？又该如何利用好网络，让自己成长进步？

我一直秉持这样一个观念：学习，一切全在于自己！你可以把一匹马牵到水跟前，却无法让它饮水；你可以将一个人带到教材跟前，但不能逼他思考。正如世界上最好的老师也受学生的"支配"，如果老师给学生提供的东西学生不去学，那他什么也教不了。所以说，自己是一切的根源，再好的方法也需要你的执行！

我觉得一本书最大的价值不是告诉你解决这个问题用什么方法，而是教给你针对自己的问题如何思考，如何分析自己的问题，如何找到自己出问题的原因，然后针对原因找到解决的办法，最后也是最重要的就是自己的行动，有千百个好想法不行动不落实也是没有用的。

我想给大家一个与众不同的、温暖可接触的《学会自己长大》，书中不仅只是文字，还有短视频和直播。大家可以通过扫描二维码看到我更多的视频分享，我也可以通过直播为大家解惑，我希望它能成为大家青春和成长的一部分。时代已经发生变化，我们无法阻挡趋势，既然互联网已经成为我们生活的一部分，那我们就可以利用这个工具和思维更好地成长！

说实话，没有人希望遇到问题，可是我们要成长就一定会遇到问题，既然我们无法逃避问题，那我们就面对问题，遇到问题不是一味地向别人要方法要答案，而是自己主动寻找方法，要思考反思，要从自身找原因。

当你学会了自己寻找解决问题的方法时,你就获得了主动权,从而掌握了明天。在你分析和解决问题时,请遵循六个原则:

原则一:平复情绪——在遇到问题时,尽可能平复自己的情绪,冲动是魔鬼。

原则二:自己是根源,积极主动——在分析原因时,尽可能把自己当作一切的根源,不要把原因归结到别人和其他因素上,积极主动从自身找原因,找出改善这个问题自己可以做的方面。

原则三:培养成长型思维,发掘自己的优势——坚信我们可以通过努力学习和练习不断提高我们的智力和能力,相信问题是我们成长的机会,只是暂时没有成功,积极发掘自己的优势,培养优势,发挥优势。

原则四:重复乃至成为习惯——解决问题,最后还是要落实到行动上,一旦你找到问题根源,有了解决办法,就要坚定不移地做下去,不断重复下去形成习惯——把解决该问题的方法形成习惯,把寻找方法的过程形成习惯,把解决方法的过程形成习惯,把解决问题的坚持形成习惯。

原则五:面向未来,与时俱进,用发展的眼光,看待自己、他人以及发生的事情。

原则六:学会接受自我,接纳他人。相互理解,接纳彼此,把感受和行为分开;能够接受出现的各种情绪,但为行为划分界限,不认同行为,但可以理解情绪。

十年磨一剑,《学会自己长大》已经影响了数百万人,很早之前,就一直想在全国发起"学会自己长大"行动,帮助大家更好地学习和成长。在这套书重新起航时,我也开启了新的十年之旅,我希望这套书成为一个纽带,连接着更多愿意成为优秀者的你。成长的路并不孤单,因为有我和无数与你一样的人陪你同行!

你的成长不孤独，和博士陪你学会自己长大！

在这里你可以看到新的可能性！

从文字到视频，让成长更温暖！

扫描二维码，跟和博士一起交流学习与成长

和博士视频号：北大和博士
和博士小红书：北大和博士

本书序 —— 你也可以成为值得自己和他人信赖的人！

很高兴你能打开这本书，思考如何提升自己人际交往的能力，让自己成为值得信赖的人！

每个人都不是孤岛，我们身边会有父母、老师、同学和朋友，走向社会后还会和同事、伙伴相处。成长的过程，就是我们不断和他人交流、获得力量的过程。我们不是机器，无法做到不带任何感情地看待一件事儿，或是与一个人相处；我们不开心的时候希望有朋友或家人安慰，遇到挫折的时候需要有人鼓励，取得进步的时候希望有人分享。我们需要家人、朋友、老师，但也会被这些关系困扰，处理不好时甚至会影响我们的学习和生活。

很多人认为学习好的人，相对比较聪明，智商比较高，但真的是这样吗？其实，绝大部分人的智力水平相差不大，所以对我们影响最大的并不是所谓的智力因素，而是平时常被我们忽视掉的一些因素，这些因素也正是我想在本书中和大家探讨的。

在本书中，我将和大家探讨每个人都避不开的人际问题，帮助大家看到问题的更多方面，学会换个角度看问题，并思考如何与人相处，同时，真正理解和学习影响我们成长的非智力因素，特别是人际关系、沟通能力与合作能力。我们重新认识人际交往，再去学习如何提高人际交往能力，学会如何更好地与人交朋友，但这并不是核心，真正的核心是从外再回到内，帮助大家了解"信任"，从而提升自信心，再进一步学习如何能赢得他人信任，成为值得信赖的人！

在本书的第一部分，你将发现人际关系的重要性超乎你的想象，如果处理不好会给我们带来严重的影响；真正决定我们在学校表现的并非所谓的智力因素，而是一种新的"学习能力"，这种能力包含了7个方面，是一切知识的基石，也决定了我们在未来的成就。本书探讨的人际交往能力以及成为值得信任的人，正是这种能力的实践体现，将带你重新思考你的人际交往，开启人际交往与建立信任的探索之旅。

在本书的第二部分，我会和大家一起交流在学习和成长中避不开的各种人际问题。我们在生活中离不开朋友、同学、老师和父母，与他们相处时会出现各种问题，而这些问题时常困扰我们，影响了我们的学习和生活，那么如何面对又该如何解决这些问题？在这一部分，我不是要给大家一个答案，而是从不同的角度分析这些问题，帮大家看到问题之外的更多可能，理解自己是一切的根源，而这样的探索过程，又会帮你发现答案。如果你也被这些问题困扰，不知道如何与朋友、同学、老师或父母友好相处，想了解更多关于这方面的思考和建议，可以直接阅读本部分。

在本书的第三部分，我将与大家探讨青春期感情的问题，相比于第二部分遇到的人际问题，这种青涩的情感更容易让我们迷失。"青春期"是处处可见的一个词，也正因为如此，我们有很多人对它的理解反倒是仅仅停留在了表面上，了解的还真不多。青春期异性之间的相互吸引，被蒙上了一层面纱，关于感情，我希望你可以看到更多可能，不是盲目地排斥，也不是积极地鼓励；如果喜欢就让它成为一种动力，而不要成为一种伤害。在互联网信息爆炸的时代，空虚和潮流都不是借口和理由，我们应该正确对待感情。如果你是一个男孩，请不要因为冲动而伤害一个女孩；如果你是一个女孩，在底线上一定要学会坚守与拒绝，不要让情感成为一种伤害。如果你不知道如何面对青春期的异性相吸，不知道如何处理青春期的情感，可以直接阅读本部分。

在本书的第四部分，我将从第三部分的问题分析回到内在实质的思考，从情商的角度进一步全面认识人际关系，帮大家更好地认识真正影响我们学习和成长的因素，再次意识到人际关系的重要；同时，分析好的人际关系具备哪些特点，这也为后续如何提升人际交往能力的内容提供了铺垫；为什么我们不能理解别人？如何给予别人建设性批评，又如何接受来自他人的批评？如何让自己变得有主见？如何与难相处的人打交道？在这一部分你会学习到提升交往能力的具体方法，学习如何识别一个人，知道如何更好地交朋友。如果你想快速提升自己的人际交往能力，可以直接阅读本部分。

在本书的第五部分，我将与大家探讨本书最核心的信任问题。哪些行为会降低我们的自信心？我们常说"我信任你"，你知道信任到底指什么吗？在这部分我将为大家揭开面纱，帮大家弄明白信用所包含的4个方面。提升人际交往能力不是目的，成为自信且也值得他人信赖的人才是关键。新的"学习能力"所包含的7个方面——自我信任、好奇探求、进取意识、自制自律、人际关系、沟通能力与合作，在我看来其实质是提升对自己的信心，构建"自我信任"，以及赢得别人的信任，构建"关系信任"。这一部分，我将从4个方面为大家分析如何提升自我信任，同时也为大家分享赢得他人信任的行为，帮助大家在家庭赢得父母的信任，在学校赢得老师和同学的信任。

《学会自己长大①如何成为更好的自己》谈的是如何认识自己、如何看待学习、如何处理自己的情绪、如何管理自己的行为与如何设定目标面对未来这五类问题，更多是从自己出发来分析思考这些问题，那么这本书则是从外部关系问题出发，从我们逃不开的人际问题入手，谈到人际关系的重要性，让大家真正明白会影响我们未来学习和成就的"学习能力"，再从外回到内，提升自己的交往能力，塑造良好的外部成长环境，然后回归到如何让自己成为值得信任的人。从外到内，自己是一切的根源，我们终将获得成长！

关于学习和成长，请学会自己长大，在这条路上，我与大家同行，希望能够帮你打开一扇新的大门，开启不一样的美好未来！

每个人 都不是孤岛

目录 contents

1 Part one

准备：开启新的思考和成长之旅

第一章　人际关系的重要超乎你的想象 — 002

第二章　重新思考你的人际交往能力 — 007

Part two 2

头疼的人际问题，该对谁说心里话

第一章 莫做没水喝的和尚——同伴关系

错位的同学关系 — 013
不想失去却又不得不忍受 — 016
不要陷入自恋的幻觉 — 019
你需要什么样的朋友？ — 022
三个和尚真的没水喝吗？ — 027
向"大雁"学习 — 030
人际交往中的黄金法则和白金法则 — 032

第二章 老师是伯乐还是"敌人"？——师生关系

你没有想过的另一面 — 036
错位的师生关系，到底谁的错？ — 038
老师也会成为你的"伯乐" — 041
即使有"伯乐"，你也得是"千里马" — 043
读懂老师的心 — 045
那些让你无奈的老师怎么办？ — 048
世界因你而不同——和谐师生关系的六条建议 — 050

第三章 家，如何成为避风的港湾？——亲子关系

我想有个家 — 054
你了解自己的父母吗？ — 056
你和父母的矛盾点是什么？ — 060
你渴望什么样的父母？ — 062
爱可以重来——温馨家庭的五大建议 — 064

3
Part three

青涩的感情，也可以成为成长动力

第一章 莫名的就是喜欢你——青涩感情

青春期你需要知道的事— 069
性意识是这样发展的— 071
这并不是早恋— 076
你要明白的"情"和"事"— 080
喜欢也可以成为动力— 082

第二章 爱你还是伤害你？——爱的困惑

当"爱"成了伤害— 086
网络背后伤人的"爱"— 090
爱的另一面也是爱— 092

我天，太累了,歇会儿再跑吧

4 Part four

面向未来,如何提升人际交往能力?

第一章　重新认识人际交往

从情商角度认识人际交往 — 099
良好的关系具备哪些特点? — 104

第二章　如何提升与他人交往的能力?

为什么我们不能理解别人? — 107
提升人际交往能力的步骤 — 109
如何建设性批评和接受批评? — 114
如何变得有主见? — 117
如何与难相处的人打交道? — 123

第三章　如何与人交朋友?

如何识别一个人? — 129
如何更好地交朋友? — 133

5
Part five

进一步成长，如何成为值得信任的人？

第一章　你对信任了解多少呢？

你知道这样做会降低自信心吗？— 139
不信任你？那是因为你并不了解信用包含什么— 141
做对自己也对他人有信用的人— 145

第二章　如何提升对自己的信心——自我信任

如何提高诚实度赢得信任？— 148
如何改善动机赢得信任？— 150
如何提升能力赢得信任？— 152
如何改善成果赢得信任？— 156

第三章　如何赢得别人的信任——关系信任

赢得他人信任的行为— 160
如何在家庭中赢得父母的信任？— 164
如何在学校赢得老师和同学的信任？— 168

附录　工具索引 –170
后记　–171

Part one

准备：开启新的思考和成长之旅

是不是只要我变得优秀了，就自然会有朋友了？
在学校最重要的任务是学习，是不是只要学习好了，我的同学关系就会融洽，就会受欢迎？
我们还是学生，又不是进入了社会，人际关系有那么重要吗？
成为受欢迎的人，就是让别人开心，让别人获益吗？
处理好人际交往就会成为受欢迎的人吗？
我们即将开启新的思考，踏上新的成长之旅。

第一章

人际关系的重要超乎你的想象

【对话和博士】

想好好学习就要失去朋友吗?

和博士,这个问题困扰我一周了:我想要好好学习,也不想失去朋友,我该怎么办呢?

高三以前,我们班学习氛围很差,我和几个特别要好的朋友一样,因为成绩不好就不怎么学习,天天在一起玩,大家感情也很好。现在我坚定地想考好大学,每天拼命地学习,和他们在一起的时间自然就减少了。虽然嘴上不说,但我能感觉到我的朋友们渐渐和我疏远了。在班里,我好像也因为成绩好成了"异类"。我感到非常孤独。

"和博士，整整一周了，我一直无法静下心踏实学习。我要实现我的目标，但我也不想失去朋友，我该怎么办？"

这是我二十多年来指导过的学生中最特殊的一个：一位小读者，刚进入高三时还只能考290多分，却坚定地告诉我要考清华大学，而他的故事在《学会自己长大③：如何成为学习高手》中有详细介绍。前面的求助是他在期末前遇到的最大的问题，他所在的班级学习氛围很差，班上大部分同学因为成绩不好基本都不怎么学习了。他有几个特别要好的朋友，大家本来天天在一起玩儿，可是现在他拼命学习，而且成绩快冲到600分了，这几个朋友表面上祝福他，却跟他渐渐疏远了。在班里他成绩成了异类，他可以清晰地感受到那种孤独。学习好了为什么却没有朋友了？

很难想象，一个意志坚定不服输的人，困在朋友关系上整整耽搁了一周！要知道他为了赢出时间提高成绩，经常学到凌晨一两点！

这让我想起了我曾经教过的另外一个学生，他在班上成绩倒数，全校闻名，以致有些家长知道这孩子在我这里学习，悄悄告诉我不要让自己孩子跟这孩子在一起学。这孩子其实也想学想有好成绩，确实用心在跟我学，但最大的问题是没有真正坚持住。后来我才知道，在他班级里有另外两个孩子跟他关系很好，他们三个人经常一起被请家长，但那两个孩子家庭条件很好，已由父母为他们规划好其他出路，对学习不再上心，就经常拉着想学习的这个孩子一起玩。最终他也没能考上大学。

你身边是否有类似我这个学生的同学？你是否也因为同学或朋友关系而困扰？我相信很多同学有这样的经历，本来计划好准备写作业了，结果临时被朋友约出去玩，不去吧，朋友可能不开心；去吧，自己的计划会被打乱。这时候你是怎样选择的呢？你是不是也会为了和班上同学有交流话题，而去玩一些游戏或者做他们做的事情？

我们听说过"近朱者赤，近墨者黑"这样的话，家长们希望我们上好的学校，进入好的班级，因为好的环境更容易帮我们取得好的成绩，这种好环境就是身边老师和同学的影响。

有段时间，同事的两个儿子天天来办公室。哥哥读五年级，教6岁的小弟弟跳绳。弟弟有点胖，手和身体不能协调，连两个连续的跳绳都完成不了。哥哥开始还有耐心教，但是很快就没有耐心了，发脾气埋怨弟弟太笨了。弟弟急得哭起来但就是跳不好，于是，他干脆就不跳了，整整一个月一直没有学好跳绳。这让我想到我儿子在小学一年级时参加跳绳考试，1分钟只能跳9个。寒假时，我开始教他，开始我让他跳，他总吼着说："我跳不好，一个学期了就是跳不好，怎么努力也跳不好！"我没有放弃，告诉他先跳10个，然后每次争取多跳1个，不要想其他的，爸爸相信你能做到！没用1个小时他就能跳到20个了，一个寒假过完，就能1分钟跳到120个。其实他也想跳好，但是由于没有掌握技巧，怕跳不好被别人笑，导致自己不相信自己，而我的鼓励、坚持和信任，让他找回了自信。后来每当他遇到困难，说自己不行的时候，我就会讲跳绳的例子来鼓励他。

对于孩子们，除了同学和父母，老师的影响也是很大的。在小学阶段，老师的话比父母的话管用，如果老师经常表扬我们，鼓励我们，我们就容易学好这个学科，而一旦我们不受老师喜欢甚至总被冷落批评，就容易丧失学习积极性。有不少同学跟我抱怨过，他因为不喜欢班里的那个老师，导致不喜欢他所教的学科，连带着对学校和学习失去兴趣。我看过一份研究数据，师生关系分值高的学生的自尊发展状况要优于其他学生，高自尊的学生能与老师建立积极的交往关系，获得老师更多的关注和支持，这又促进其自尊的提高，从而形成良性循环，进一步帮助他们健康成长；而低自尊的学生，由于怯于同老师互动交往，老师对他们的关注度不高，或者是负向关注，从而造成了他们对自我评价的降低，导致更低自尊的形成。

十几岁时，你是否思考过这个阶段自己最关注的问题是什么？为什么父母、同学、朋友、老师对我们有这么大影响？心理学研究发现，我们在这个阶段最关注的问题是自己身份的问题：我是谁？我要成为什么样的人？我应该成为谁？随着与周围同学、朋友的关系成为生活的重要部分，你对家庭的兴趣将大大缩水，你正在通过朋友关系发现自己是谁，认识自己在家庭以外的世界里的角色。值得注意的是，即使在面对朋友关系时，处于青春期的你关注的焦点仍然是自我。你会与同学、朋友比较，想象自己能否改变、成长，思考自己身上有哪些自己喜欢的优点，有哪些自己讨厌的缺点，即使是跟同学朋友谈话交流，也依然是在通过对方进一步认识自己。对于这个阶段的我们来说，朋友、同学之间的友谊，老师对待我们的方式，是我们探索自我的一种途径。这个过程伴随着理性与感性，一旦人际相处出现问题，就会对自我的探索和认同造成巨大的影响。

可想而知，如果在学校受到同学排挤、老师不喜欢，在家里时，父母总是指责批评，我们的自我认同就会出现巨大偏差，产生自我怀疑，缺乏自信，甚至走向极端。人际关系对我们的成长影响巨大，虽然关系是相互的，但并不意味着我们无能为力，恰恰相反，人际关系的主动权在我们自己身上。你可以通过自身努力提升人际交往能力，获得良好的人际关系，不仅如此，我想通过对信任的分析，帮你形成积极正确的自我认同，学会自己长大，成为值得自己和他人信任的人。

梦想其实就在你手中！

第二章

重新思考你的人际交往能力

[对话和博士]

什么都干不好，是我的智商有问题吗？

和博士，我以前一直觉得自己比较聪明，理解东西也比较快。按理说我应该学得不错，可我的成绩总是起伏很大。我既不敢跟学习更厉害的人交流，觉得自己和他们一比还是差了很多；也不愿意和那些不爱学习的人交流，担心他们会影响我。我特别羡慕那些能玩得很好的人，也羡慕那些学得特别投入的人，我似乎玩也没玩好，学也没学好。我感觉很迷茫，仿佛自己是人群中特别多余的一个！我甚至开始怀疑自己是不是真的聪明。

如果智力因素没有在我们学习、成长的过程中起到那么大作用，那是什么对我们影响最大呢？

人是社会性动物，很难想象我们不与别人接触、交流，而能独自生活。

上学读书有一个很重要的目的，就是进入集体生活，锻炼与人相处、团队协作、共同发展的能力。中小学阶段的学生对于和他人交往理解得可能并不深刻，主要停留在是否人缘好、朋友多，在班里是不是受欢迎等。似乎交往关系对我们的学习影响得并不大，而且有些人的学习是远离了班级人际关系的——自己偷偷学不告诉别人，家长也会有自己的私密小圈子。

我们谈学习，更多是考虑方法、习惯、内容方面，甚至还会考虑一个人的聪明程度。其实大部分人的思考是不全面的，在后面的章节中我会详细和大家讲解影响我们成长的情商因素，好的关系会给我们创造良好的外界环境，利于我们的发展和进步，但这只是手段并不是目的，最终目标是希望我们成为值得信任的人！

美国时代杂志（Time）的专栏作家、曾任教于哈佛大学专研行为与头脑科学的丹尼尔·戈尔曼教授在《情商》一书中，提到一种新的"学习能力"，这种学习能力是一切知识的基石，决定了我们在学校的表现，也决定了我们在未来的成就。他认为学习的能力包含七个方面：

自我信任：感觉能驾驭自己及自己的行为与周围事物，相信只要努力就很可能成功，也相信通过努力，他人会提供协助。

好奇探求：认为探索世界是好的，而且可以带来乐趣。

进取意识：有发挥影响的意愿、能力与毅力，具体而言就是一种能力与效率感。

自制自律：具有与其年龄相称的自我控制能力。

人际关系：能与人达成起码的互相了解，根据了解他人和他人对自己的了解建立和谐友善的关系。

沟通能力：具备与人交流观念及交流感受的意愿与能力，首先必须能信任别人，且从人际交往（包括与领导的交往）中获得快乐。

合作：能够在个人需求与团体活动之间取得均衡，不会顾此失彼。

可以看出这是一个人对内（自我）和对外的能力，人际交往的能力与人际关系、沟通能力、合作这三个方面息息相关。在本书第四部分，我将为大家进一步讲述情商，从情商的角度思考我们的人际交往，也从这些角度出发，改变我们的观念和行为，提升这些能力，帮助我们在学习和生活中获得进步，收获良好的交往关系。

重新思考你的人际关系构建能力，并在下表中完成思考，把你对人际交往能力的理解写出来。带着你的理解，我们再继续往下探索。

我的人际交往能力认知表	
我在班级人缘如何？	
我的朋友多吗？	
我的朋友最欣赏我哪点？	
我受老师喜欢吗？	
老师对我的评价如何？	
我欣赏哪种类型的朋友？	
要成为父母喜欢或信任的人，需要具备什么？	
我眼中的人际交往或社交能力指的是什么？	

人与人之间交往和关系，涉及到了很多方面，而这种非传统的智力因素对我们的影响很大。人际交往看上去是我们与他人的关系，但根源还是在自己，这也是我希望在本书中传递给大家的观点。在本书的第二部分，我与大家一起探讨成长中逃不开的人际关系——朋友、老师、父母，以及青春时期感情的问题，秉持着《学会自己长大》的一贯思路，我不会告诉你答案，而是从不同的角度分析问题，帮你看到更多可能。然后，在第三部分我会和大家一起探讨人际交往背后的因素，这样就可以在具体方面提升大家的人际交往能力。再从与外界他人的关系层面，回到自身，关注信任的建立，成为值得信任的人，这也是最后部分的核心。

大家准备好了吗？让我们开启人际交往和信任探索的成长之旅！

打篮球特别好，会被需要。

Part two

头疼的人际问题，该对谁说心里话

人生不是孤岛，成长的路上有同学、朋友、老师和亲人相伴。也许，独处是一种寂寞，可是与人相处却又是一种困惑：到底该以何种方式与同学、朋友相处？到底该如何认识老师，以何种方式与老师相处？家本是温暖的港湾，为何有时成为你痛苦的根源？你是否因处理不好人际问题而焦虑？如何突破人际相处的"囚牢"呢？

第一章

莫做没水喝的和尚——同伴关系

【对话和博士】

我还要维持这种虚伪的关系吗?

和博士:我们是一个宿舍的,上个学期期末,有两个人突然就特别地疏远我,我也不知道自己哪里惹到她们了,但这个学期又没有事了,可我总得万事小心,感觉自己一不留神就会踩到她们的"地雷"。哎呀,反正就是很复杂,一句话也说不清。我现在对她们没什么感情,却还得每天朝夕相处,还得对她们假情假意,我真怕自己哪天爆发了,跟她们连同学也做不成了。

感情一旦出现裂痕就很难恢复啊,我真的不想对她们笑,但又不能不笑。在我心里只有朋友我才会对她好,跟朋友在一起我才会安心,才会真的开心。

整天戴个面具生活真的好难受。

错位的同学关系

进入中学后，学习成了你的重心。看看你一天的生活吧：假如你是走读生，一天学习之后，你会回到家里继续学习；假如你是住校生，教室、食堂、宿舍三点一线，每天接近13个小时甚至更多时间都在学习。在学校，老师甚至绝大多数同学都是学习至上，全部的生活都围绕着学习展开，仅有的同学交流，恐怕就是吃饭、晚上回到宿舍的时候。很多同学向我抱怨他们的生活多么的痛苦，你觉得这样的生活痛苦吗？假如痛苦，那你觉得什么样的生活才是你想要的？

我不禁想到了我的高中生活，当时，我也是住校，一个月放假一次，可以回家3天。但我一直庆幸，庆幸自己周围有一群好同学，相互关心和帮助，学习虽然也很累，但也不觉得什么。在学校除了学习，还有各种各样的活动，当然不是学校组织的，大都是我们自发组织的，比如下课拿篮球当足球踢、骑自行车比赛、倒着背诵课文比赛，还自发组织了宿舍足球对抗赛、学习互助小组等。我们班有70多人，但是很融洽，没多少人觉得学习是多么痛苦的事。

下面做一个小小的问答（见表2-1），你觉得你们班的同学关系如何？

表 2-1　关于同学关系的调查表
A. 好　B. 一般　C. 差　D. 很差　　　　你的答案：
原因是：
你心目中好的同学关系是：

我发现在不同的地方，同学关系也不同，在浙江一些地方，我了解到一个很令人震惊的情况：一些学校成绩不错的学生在学校就是玩，在家疯狂补习，让所有人觉得我能有好成绩就是玩出来的；甚至有些人在校考中隐瞒自己的实力，在大考中一鸣惊人！居然玩起了心计，他们还仅仅是高中生啊！

同学之间真的是竞争关系，他胜了你就败了吗？竞争永远存在，竞争的价值是互相促进。和优秀选手比赛，自己的状态也会好起来。更何况，同学关系远不是这样。

我们常常抱怨学校、抱怨家长把我们搞得这么累，我们压力如此大，总是希望有人能够帮我们分担，有人可以跟我们站在同一个战壕，可是我们却把战友推开了。假如你在一个非常差的班里，上课没人学习，都在说话捣乱，你可以学习好吗？假如所有的人都各顾各的，除了老师没有人愿意帮助你解决学习和生活的问题，你感觉舒服吗？会好受吗？有些同学可能觉得自己成绩好，将来能考上大学，不需要别人的帮助。可是，我觉得他们很悲哀，因为未来他们会很痛苦，我见过太多这样的例子了，很多人高中时的自我优越感在大学里完全消失了，因为没有跟人相处、相互帮助的经历，也不愿意做出任何让步，留级、退学甚至抑郁的大有人在。另外一些同学，可能学习一般甚至很不好，觉得自己在班里就是多余的人，跟班里的人没法沟通，于是，就用一堵无形的墙把自己和同学分隔开了。

每个人都有属于自己的面具，当你面对同学时，你会付出多少真心？我们总是用怀疑的眼光看同学，总是抱着防备的心态在跟同学交流。也许，你灿烂的笑容背后隐藏着悲伤的心，只是同学们没有看到。谁都渴望朋友，可是为什么得到真正的朋友如此难？学习好坏、生活背景、家庭情况都不是最大的障碍，最大的障碍是我们的内心。

KO!!
我做到了。

我的努力的实现了，
没有什么不可能！

不想失去却又不得不忍受

你和同学或朋友发生过矛盾吗？我曾做过关于朋友问题的调查，基本上 99% 的同学都和自己的同学或者朋友发生过矛盾。如果你和自己的朋友发生矛盾了，你会如何做？我们做个小调查（表 2-2）：

表 2-2　如果你和同学或朋友发生矛盾，你会做什么？
1.
2.
3.
4.

每个人心中都有个问题系统，总是以问题的眼光去看待人和事；大多数同学都是以自己为中心，如果别人做的事情让自己不舒服了就会抱怨。我遇到的很多同学都处于这种状态，其实，很多时候，原本是很简单的事情，但由于我们看问题的角度不对，或者理解错了，导致了双方的误会。

与朋友、同学相处，不仅仅是让别人了解你、理解你，更重要的是你要了解他们、理解他们。和我对话的女孩很难过，因为要委屈自己去迎合室友，其实，委屈的仅仅是她一个人吗？那两个女孩心中可能也在想自己也需要敷衍她，真是痛苦。

好笑吧，你看别人有问题，其实，别人看你也有问题。有时候，为了能够凑合下去，你不得不戴上面具，就像和我对话的那个女孩。在她与我沟通的过程中，她始终认为错不在她，其实，这也恰恰说明了她也有错。就像我刚才讲的，一个巴掌是拍不响的，所以，当真的出现问题了，最应该做的是抛开偏见，心平气和地沟通，也许你们都误解了对方呢？

有些同学说，沟通过了但是解决不了问题，结果，还是不得不继续在他跟前"摇尾巴"。我只能说，要么这个朋友不是你真正需要的朋友，要么是你们没有做好沟通。如果不是真正需要的朋友，你没必要在他跟前"摇尾巴"；如果是你的朋友，那肯定是沟通上出了问题，你们没有把真正的问题找出来，没有消除误会。有时候，即使你消除了误会，也会有一段时间的隔阂。下面这个故事可以给你一些启发。

从前，有一个脾气很坏的男孩。他的爸爸给了他一袋钉子，告诉他，每次发脾气或者跟人吵架的时候，就在院子的篱笆上钉一根。第一天，男孩钉了37根钉子。后面的几天他学会了控制自己的脾气，每天钉的钉子也逐渐减少了。他发现，控制自己的脾气，实际上比钉钉子要容易得多。终于有一天，他一根钉子都没有钉，他高兴地把这件事告诉了爸爸。

爸爸说："从今以后，如果你一天都没有发脾气，就可以在这天拔掉一根钉子。"日子一天一天过去，最后，钉子全被拔光了。爸爸带他来到篱笆边上，对他说："儿子，你做得很好，可是看看篱笆上的钉子洞，这些洞永远也不可能恢复了。就像你和一个人吵架，说了些难听的话，你就在他心里留下了一个伤口，像这个钉子洞一样。"插一把刀子在一个人的身体里，再拔出来，伤口就难以愈合了。无论你怎么道歉，伤口总是在那儿。要知道，身体上的伤口和心灵上的伤口一样都难以恢复。

我想，假如你的朋友误解你了，你会难过或者生气；当他明白了真实情况，消除了误会，虽然你很不爽，但，你还是原谅他了，他也还是你的好朋友，这也正是友情伟大的地方——包容、体谅。

不要陷入自恋的幻觉

每个人都渴望控制自己的人生乃至周围的世界。随着你的成长,当你的优势越大、取得的成就越大时,你的内心深处"我能控制我的人生,我能左右一切"的声音就越发强烈。举个简单例子,假如在小学你一直是优秀学生,成绩非常好,升入初中后,你内心的优越感会让你觉得自己仍能左右成绩;可是假如在初一你连续几次考试出了问题,这时你的控制感被打破了,原本觉得自己在学习上"无所不能"的感觉没有了,这时你可能很容易转为"我对学习无能为力了",从此,你开始怀疑自己,而不是从其他方面找原因。

在与同学或朋友交往中,假如你在某些方面有优势,那么在这些方面你极有可能忽略其他人的感受,你所谓的"自信"常常会让别人按照你的想法做事情,一旦出现不同的声音,你心里就会产生不舒服的感觉。时常有同学跟我抱怨,为什么朋友不理他了,为什么朋友跟别人去玩了。其实,这些同学心里有这样一个声音:"我对他们好,他们必须对我好。"也即"既然我把你当作朋友了,你也必须把我当作朋友,而且要跟我有同样深度的感情"。很多同学希望别人把自己当作最好的朋友,少跟除自己以外的人来往,这种观点是不正确的。

每个人心中都有很多自以为是的想法,而且常常围绕自己建立起一系列关系，常常以自己利益为出发点，一旦自身利益受到损失就产生不舒服感。我建议大家要学会大度和宽容，付出看似是一种"很傻"的举动，但你能赢取别人的真心，而且也为未来种下了"因"。人际相处最害怕的就是"自恋幻觉"，而自恋最核心的解释就是希望周围的人能够按照自己的意愿来行动。

我的校友武志红老师的《为何越爱越孤独》一书中提到了"自恋幻觉ABC"的公式，即：

我做了A，你要做B，否则，你就会得到C。

这是心理学中典型的"投射性认同"游戏，"投射"简单的理解是将自己身上所存在的心理行为特征推测成在他人身上也同样存在。"投射性认同"就是我将我的东西投射给了你，你认同了我的投射，并表现出我所渴望的行为。

与朋友相处，很多同学是这样一种模式：你为朋友付出了——这是你做的A，那么他就得表现出B——这是你所渴望的东西；一旦朋友没有表现出B，你就会心里不舒服，甚至迫使他表现出B来。我们经常认为自己所做的一切都是为了朋友好，但这个背后存在一个逻辑就是既然我在做对他们好的事情，他们就应该表现出我内心渴望的行为来，一旦不是你将很"痛苦"。

德国心理学家埃克哈特·托利在《当下的力量》中有一段描述很好，这也是对很多同学现状很好的解释，"我们很容易被我们的想法所控制，因为我们认同了这些想法，将这些想法等同于'我'，如果放下这些想法，就好像'我'要消融一样"。

所以，我建议你多给别人一个选择，也多给自己一个选择，一旦事情跟你想的不一样，先停下来想想，自己是否犯了"自恋幻觉"，让彼此都有一个选择空间。

你需要什么样的朋友？

你一定要清楚一件事，你需要什么样的朋友。

整天和你腻在一块儿的人不一定是真正的朋友。真正的朋友在一定程度上是心意相通的，不是做给别人看，不一定形影不离，不一定处处讨好你、事事维护你，但能在你需要的时候主动来到你身边。这样的朋友也许看起来关系平淡，但是真诚的朋友、知心的朋友，当然也一定是永远的朋友。

中国有句古话叫作"近朱者赤，近墨者黑"，一位老师给我讲了他学校发生的一件事情。

中考后，两名学生同时考上了一所重点中学，一位是统招生，一位是自费生。上高中后，统招生自以为入学成绩好，不再像以前那样用功学习了，他结交了一批爱吃、爱穿、爱玩的朋友，一有时间就去逛街、上网吧，话题总离不开吃、穿、玩，根本没有心思学习，结果成绩大滑坡。而那位自费生认为自己的成绩不理想，再加上自费生比统招生学费又高很多，如果自己不努力，既难考取大学又有愧于父母，所以自入学的那天起就把时间和精力用在学习上。他结交了一批志趣相投，有抱负、有理想的同学，他们经常聚在一起切磋学习，交流思想和心得。这位同学进步很快,学习成绩不断上升。高考揭榜,那位统招生名落孙山,而那位自费生却金榜题名。

没有朋友很可怕,可是有了不好的朋友更可怕,所以选择朋友一定要慎重。既然成为朋友,就要互相帮助、互相促进,这才是朋友,并非为了一己之私,利用别人。

在中学阶段,同学关系非常重要。我高中毕业二十多年了,在创业阶段,在我需要帮助的时候,我的高中同学给了我很多帮助,同学关系是未来信任关系的基础。一个人学习很累,大家一起学习,会带动整个气氛,至少当你想放弃的时候,看到这群和自己一起的家伙还在努力,你便不容易放弃了,集体帮助式的学习更容易提高成绩。另外,当一个人有困难时,大家一起帮忙又会令我们感到情谊的温暖。

正如高尔基说的:"真正的朋友,在你获得成功的时候,为你高兴,而不捧场。在你遇到不幸或悲伤的时候,会给你及时的支持和鼓励。在你有缺点可能犯错误的时候,会给你正确的批评和帮助。"你要明白你需要什么样的朋友。

有这样一个故事:

有一次,爱默生和他的儿子想把一头小牛赶进牛棚,但他们犯了一个普遍性的错误,他们只想达到他们自己的目的。爱默生在后面推小牛,他儿子则在前面使劲拉小牛。然而小牛犊怎么也不肯合作,任凭爱默生父子累得满头大汗,它就是蹬紧四腿,顽固地不肯离开原来的地方。爱默生的女仆看到了这个僵持的场面,就跑了过来,她比爱默生了解牛的性格，知道小牛想要什么，她把拇指放入小牛的口中，让它像吮吸母牛的乳头一样吮着，结果毫不费力地把它引入了牛棚。

爱默生感叹道："如果你希望牛和你合作，你就必须先了解牛的需要。其实人与人相处又何尝不是如此呢？"

要交到真正的朋友，就需要了解别人的需求，学会与人相处。当你考试考砸时，你肯定不愿意看到你的朋友在你跟前不断炫耀他考得如何好，假如他这么做了，我想他会很惨；同样，当你需要别人了解你的时候，也要清楚是否了解别人。这个世界上最可怕的就是"应该"两字，"他应该知道的""她应该不会这么做的""他们应该来的"……"应该"都是你自己的想法，或者说是你一厢情愿，你怎么知道别人想什么？！

我们出现冲突、产生矛盾多数是因为不了解彼此的需要，所以，不要老是想着别人应该如何对待你，别人应该如何帮助你，你也应该想着如何对待别人，如何帮助别人，要考虑别人的感受。

与同学、朋友发生矛盾是常有的，怎么对待矛盾呢？给你一个不错的方法。

工具一：同伴矛盾分析解决表	
你的观点	同学、朋友的观点
你们的冲突点：	
你的解决方法	同学、朋友的解决方法
你们可能的误解原因：	
你们最终选择的方法：	
选择的原因：	

与别人交往时，我们常常有四种心态，你需要了解自己要选择哪种心态。

肯定自己，否定他人。有人曾经讲过这样一个故事：

一位画家在画廊示范挥毫，并技惊全场，获得热烈掌声之后，有人举手："请问 A 画家的画与 B 画家的画之间有什么联系？"画家回答说："B 的画全学自 A，但是有骨没肉，毫不含蓄，不值得一看！"话没完，观众已纷纷离席。

没有人喜欢被别人居高临下地指手画脚，以"我行你不行"的心态与别人交往，凡事都"我对你不对"，这样的人很难拥有良好的人际关系。

否定自己，否定他人。认为自己不行，同时也认为别人并不比自己高明多少。在这种人眼里，世界只有灰色与黑色，常常后悔、自责或者责备别人。这样的人所发出的信号往往让人不舒服，别人自然也不会喜欢与其来往，长此以往人际关系自然会恶化。

否定自己，肯定他人。拥有这种心态的人，常常感到自己是无能和愚蠢的，无论做什么都不行，而似乎所有的人都比自己强得多。与别人交往时，经常把"对、好、行"挂在嘴边，用一种近乎讨好的态度对待别人，唯恐得罪他人。这样一直戴着面具生活着，久而久之会让自己觉得身心疲惫，同时也让他人感到虚伪。

肯定自己，肯定他人。保持这种心态的人，充分体会到自己拥有一种强大的理性能力，对生活的价值也有恰当的理解。虽然他们并非十全十美，但他们能客观地悦纳自己与他人，正视现实，并努力去改变他们所能改变的事物。他们善于去发现自己、他人和世界美好的一面。

三个和尚真的没水喝吗？

我们常说"一个和尚挑水喝，两个和尚抬水喝，三个和尚没水喝"。为什么和尚多了反而没水喝了？说白了是人多了合作就差了，不是人多力量大，而是人多了依赖就多了，人的惰性就出来了。

有个很有意思的现象：当一个病人躺在行人稀少的大山旷野里时，几乎每一个路过的人都会主动上前关心；而当病人躺在车水马龙的大街人行道旁时，则很少有人会过问。这在心理学上叫作"责任分散"现象，即人少时，每个人的责任和义务就大；当人多时，每个人的责任和义务就小。所以在大山旷野里看到病人时，就会觉得自己有责任和义务去关心他，否则就会受到良知的谴责；而在热闹的大街上看到一个病人躺着，就有一种"反正有人会去关心""与我无关"的心理。

在一个集体中最怕的就是这样，总觉得别人会做，结果没有一个人做。就像一句俗语说的："一个人是龙，三个人是虫。"为什么单个优秀，聚到一块儿就变成不优秀了？人心不齐啊！由此可见，我们缺少什么——缺少合作！在中学我们就缺少了合作，更多的是竞争——高考的独木桥，别人过了我就不好过了，竞争成了"你死我活"。

三个和尚真的没水喝吗？在我看来，新的理念应该是"一个和尚没水喝，三个和尚水多得喝不完"，管理学中有这样的故事。

和尚挑水路比较长，一天只能挑一缸就累了。三个和尚商量，咱们来个接力赛吧，每人挑一段路。第一个和尚从河边挑到半路停下来休息，第二个和尚继续挑，又递给第三个和尚，挑到缸里灌进去，空桶回来再接着挑，大家都不累，水很快就挑满了。这是协作的办法，也叫"机制创新"。

老和尚把三个徒弟都叫来，说我们立下了新的庙规，要引进竞争机制。三个和尚都去挑水，谁挑得多，晚饭加一道菜；谁挑得少，白饭，没菜。三个和尚拼命去挑，一会儿水就挑满了。这个办法叫"管理创新"。

换个角度看问题你的改变会很大

三个小和尚商量，天天挑水太累，咱们想想办法。山上有竹子，把竹子砍下来连在一起，竹子中心是空的，然后买了一个辘轳。第一个和尚把一桶水摇上去，第二个和尚专管倒水，第三个和尚在地上休息。三个人轮流换班，一会儿水就灌满了。这叫"技术创新"。

看完这个故事，你知道自己要怎样做吗？

每天20个。总有一天，我会打败对手！
我坚信我有这个潜力！加油！

向"大雁"学习

你知道大雁吧,每到秋天大雁排成V字形飞往南方过冬,你知道大雁为什么这么飞行吗?科学家们给出了一些让我们吃惊的答案:

研究发现,每只大雁拍打一次翅膀,都会给身边的另一只大雁产生升力。通过排成V字形,整个雁群的飞行路程比它们独自飞行所能达到的距离要远上73%左右。

当一只雁掉了队,感到飞行吃力时,它就会自动地飞回队伍,借助集体的力量继续飞行。

启示:那些向着共同的目标前进、彼此相互依存、分享团队的力量、有集体意识的人能更迅速、更容易地达到目标,因为他们在前进中相互信任。

当领头的大雁累了,它会收回翅膀,然后另一只雁就会接替它的位置。

启示:领导者的位置也要能与队友分享,困难要共同承担。如果我们能有大雁的这种意识,就应当和整个团队协调好,并与队友们分享自己的智慧与信息。

后面的大雁不时地发出鸣叫，鼓励前方的大雁保持飞行速度。大雁的鸣叫能够鼓励前面的队友，协助日夜劳累的整个雁群保持飞行步调的一致。

启示：彼此之间的鼓励是非常重要的，成员之间保持彼此鼓励的团队的产出，就会高于其他类型的团队。我们的言语也要具有激励性，否则，只能是——花言巧语！

当一只雁病了，或中了枪从空中落下去，其他两只雁会从雁群飞出，跟着受伤的雁飞到地面，以便能保护队友。它们将一直陪伴在伤者身边，直到它痊愈或死去。然后，它们再一起飞回雁队赶上队友。

启示：当我们团队中的任何一名成员落后时，其他成员就有责任帮助他成长。如果我们如大雁一般，无论在困境或逆境时，都能够彼此维护，互相依赖，再艰辛的路程也不惧遥远。

在学校，一个班集体犹如一个雁群，每名同学都是雁群中的一分子，你离不开集体，集体也离不开你。主动帮助班里有困难的同学，每个人都有自己的特色，将自己的特长贡献出来；当你将自己的优点分享给别人时，你也学到了别人的优点。高考不是一个坎儿，当你们朝着同一个目标前进时，"雁群"就是你们的努力方向。

人际交往中的黄金法则和白金法则

我想大家都渴望有一份稳定的友情，如何同朋友和同学相处是你不得不学习的，我向大家介绍两个人际交往的法则，一旦你掌握了，你的人生将发生巨大变化，这两个著名法则是黄金法则和白金法则。

黄金法则出自基督教《圣经·新约》中的一段话："你想人家怎样待你，你也要怎样待人。"白金法则是美国最有影响力的演说人之一和最受欢迎的商业广播讲座撰稿人托尼·亚历山德拉博士与人力资源顾问、训导专家迈克尔·奥康纳博士研究的成果，其精髓在于"别人希望你怎样对待他们，你就怎样对待他们"。

黄金法则是一条做人的法则，又被称为"为人法则"，正如古语所讲："己所不欲，勿施于人。"白金法则更强调从别人出发，尊重别人的需要，再调整自己，更像一种处世法则，我把它称为"处世法则"。有人说白金法则比黄金法则进步，我觉得两者侧重点不同，前者从自己出发，修己身，做个人品牌；后者从他人出发，讲究的是外界情形对自己的提升和约束。这里要注意的是，满足别人的需要并不意味着迷失自己，白金法则要注意三个要点：

要点一：行为合法，不能要什么给什么，你做人、做事都需要底线；

要点二：交往应以对方为中心，对方需要什么我们就要尽量满足对方什么；

要点三：对方的需要是基本的标准，而不是说你想干什么就干什么。

在同朋友、同学相处中，我们应该以这两个法则为基础，尊重自己，尊重他人，每个人都有自尊心，我们不能说这个人好值得我尊重，我才去尊重，不值得我尊重我就没必要尊重。我们都渴望赢得别人的尊重，也许一个人不是特别能干，也许一个人没有显赫背景，也许一个人没我们优秀，但尊重与这些无关，尊重没有值不值得之说，每一个人都值得尊重，我们也应该尊重每一个人，正如我们渴望别人尊重一样，这恰是黄金法则的真谛。

有时候你会特别讨厌一个人，但不能因为他让你很讨厌你就侮辱他，尊重别人是做给自己的，不是做给别人的。确实有些人不值得作朋友，没关系，我们可以尊重他，不在他身上浪费你的感情和时间就好，青春期的我们总渴望赢得每个人的好感，但很难。

假如你想和朋友、同学友好和谐相处，请遵守两条法则，同时我也给你六条建议：

第一条建议：先理解别人，再让别人理解你；

第二条建议：学会与人分享，懂得宽容他人；

第三条建议：尊重他人，以诚相待，不要伤害别人；

第四条建议：倾听他人，适当表达自己；

第五条建议：学会合作，让大家的效率更高；

第六条建议：信守承诺，勇于承认错误。

也许你没有太多朋友，也没有坚固的友谊，试着用这些方法与他人相处，过一段时间，也许会发生一些变化哦。

第二章

老师是伯乐还是"敌人"？——师生关系

【对话和博士】

学生与老师的"战斗"

"我很不喜欢我的班主任，他对我们学习一般的同学，根本不关心，只关心那些学习好的同学。我们问他问题都不爱搭理我们，老师怎么能这样？"

"我是一名老师，又是一位母亲，孩子回家说老师对他不公平，他班上学习最好的女同学跟他发生了矛盾，老师没怎么批评那个女同学，却直接处罚了他。孩子问我，老师为什么会这样，他很委屈。"

你没有想过的另一面

你有不喜欢的老师吗?你和老师发生过矛盾吗?你心目中的老师是什么样的?停下来做个思考(见表2-3)。

表2-3 关于老师的思考	
你有不喜欢的老师吗?	
你和老师发生过矛盾吗?	
你心目中老师的样子是:	

我问过很多同学,心目中的老师是什么样子,得到最多的答案是:老师应该知识渊博、胸怀宽广、成熟、幽默,最重要的是不要老说我们,能够热心地帮助我们。

假如你在学校出了事情,要谁负责?如果在学校上体育课你一不小心伤了腿,你觉得你的父母会怎么做?可能会到学校,找学校理论,因为他们的孩子——你在学校受伤了,这是谁的责任?老师的责任,学校的责任!

当你在学校学不好时,你可以编个理由告诉自己的父母,你的老师授课水平不高,这时你的父母会怎样?跟着你一起责怪老师,因为是老师让你——他们的宝贝孩子学习不好!

假如你考了好成绩,你会怎样想,你父母会怎样想?多数人会觉得那是你——他们的孩子聪明,是你努力学习的结果,老师的功劳反而是其次的,因为被夸奖的人是你,而不是老师。

老师工作获得收入正常吗?很正常。老师教出成绩好的学生受到奖励正常吗?更是正常的。其实,你的父母也明白,因为他们工作优秀也会得到嘉奖,这是优秀的表现。哪个老师不希望自己的学生学习好呢?

一个有意思的现象是,很多孩子抱怨老师不好,可是换了好老师之后,他们的学习成绩就一定会提高吗?谁敢保证?很多人说老师管得太严,可是完全给孩子自由,他们能否控制住自己呢?我想很大一部分同学没法克制自己。

你可以看看你刚才做的对老师形象的描述,对此我做过一份相关的调查,绝大多数同学心目中老师的形象是好的,甚至崇高得让人"膜拜",为什么?因为我们内心都渴望好的老师,正因为这份渴望,正因为这份尊重,我们才对老师有种种苛刻的要求。

错位的师生关系，到底谁的错？

我也经历了你们这个年龄段，也有和你们一样青春荡漾、不爱受管教的一面，我知道有些同学上课会说话，容易做些小动作。你是个遵守纪律的人吗？一般来说高中比初中要好些，高中繁重的学习让你捣乱的时间都少了，经常说话捣乱的人，估计多数是学习上遇到了困难，而且困难越积越多，最后不愿意面对学习从而逃避学习的学生。

说句实话，偶尔说句话、做一两个小动作情有可原，可是一而再再而三呢？你可以不学习，但是，请不要影响别人。事实上，一旦你不断违反纪律，就一定影响了别人，对于这样的同学，估计班级里的很多同学都是不喜欢的。

老师！可以帮我讲解一下这个知识点吗

假如换你做老师，有同学在课堂上不断地讲话、搞小动作，在老师的多次提醒下仍不改，甚至抵赖并用言语顶撞老师，更有甚者公然向老师挑衅，这时你该如何办？

学生挑衅老师的现象是个别现象，可是为什么有些人做了呢？说明这些人出了问题。我遇到过很多这样的孩子，这类孩子多是遇到了诸如家庭、学习或者交友之类的问题，这些问题他们无力解决，于是做了可怜的逃兵，用种种做法麻痹自己的内心。但是，这些都不能作为借口，作为自己"无法无天"打骂老师的借口。

但少数老师把少数现象当作了典型，说学生多么难管教，要出成绩必须严格，严格的背后也打击了很多表现很好的同学；而一些同学则又把老师不好作为借口去找老师的问题，殊不知很多好的老师也被这样的举动寒了心。

老师有老师的无奈，学生有学生的痛苦，到底是谁的错？谁都在把问题丢给对方，难道自己本身就没有错吗？暂且不说老师的问题，因为我们改变不了老师，但是，你能不能改变自己呢？自己是一切的根源，也许你的老师不好，也许你受到了不公正的待遇，但是这样的不公正能影响你几年？我读高一时，也有一个让我非常不喜欢的老师，在他眼里我的所有努力似乎都没有可取之处，于是，我发誓要把这科学到最好，让他没法子找我的毛病挑我的刺。年少时我们很单纯，常因为不喜欢这个老师，就不喜欢这个科目。虽然老师不是只有他一个，能帮你解决问题的人也不止他一个，但毕竟他是给你授课的老师，假如你不喜欢他，那你更需要在他的课上认真听课，以防自己有疏忽不会的，毕竟你不喜欢问他题目。即使你有不会的题目，也不能掖着藏着不问老师，相反，你更要去问他，凡是不会的题目你都问，他可以拒绝你一次、两次，但是不能总拒绝你吧。

也许，你真的觉得自己不适合在学校学习，那没有问题，不是每个人都要通过高考走出自己的未来，但是，既然你和班里的同学分到了一起，那就是一种缘分，又何苦用自己的痛苦惩罚班里的同学呢？3年也可以使你收获宝贵的同学之情，这是多么宝贵的财富。

莫让自己被一些错误的、片面的观点遮了眼。

老师也会成为你的"伯乐"

有位老师上课时跟学生说:"其实老师并没有暴力倾向,老师并不喜欢体罚学生,对于你们中的一些调皮分子,我只需要给你们讲明道理,让你们明白该怎么做就行了,我的义务就尽到了。但是,我不仅要对你们负责,还要对全年级、全校负责。当你们的家长把你们送进学校的时候,你们的家长包括你们自己都希望在学校有一个好的学习环境,能接受好的教育,有个公平的待遇。如果由于你们某些人的行为破坏了课堂纪律,破坏了班上的学习氛围,让其他同学的利益受到了伤害,那我就必须规范你们的行为。你们必须为自己的行为负责,你们从小就应该学会为自己的行为负责。如果犯了错的人可以不受到处罚,反而受到优待的话,我相信人人都有犯错误的欲望和冲动,毕竟犯错比遵守纪律要容易得多。如果是这样,我想我们学校也不用开了,大家都去犯错误算了。一个不能为自己的错误行为负责的人就是一个失败的人,他会对社会造成危害,我们从小都需要责任感教育。"

你赞同这个老师说的话吗?

有一点你会赞同:假如老师欣赏你,你又喜欢这个老师,他教你,你一定会在这科上有不错的表现,至少你不愿意让老师失望吧。经历过高考的失败,我加入了复读生大军,开始确实不太适应,心里有些暗暗失意，毕竟自己是一名失败者。而就在这一年我遇到了我的班主任，她教的是英语；也正是因为她，我的补习班的生活变得丰富。我是班里的学习委员，却比英语课代表更像英语课代表，甚至老师去进修的几天都让我帮她进行考试——发卷子，批卷子，甚至讲解试卷。这完全出乎我的意料，但老师说她相信我，相信我有这个能力。这一年，她让我学到了很多，这一年除了自己学习我还不断地帮助班里同学解决问题，甚至在班里发起一个每日分享活动——每天晚自习前，每名同学轮流到讲台上分享一道自己觉得非常不错的题目。

老师并非仅对我青睐有加，她是第一年来我所在的中学教书，对班里的同学一视同仁，又是那么的负责任；她的努力在高考中得到了回报，我们班的英语成绩全校第一，我们班重点录取率也是全校最高的。

我想很多同学也有自己欣赏的老师，这些老师对你也还不错，那为什么不尝试着为了这样的老师改变自己呢？你也可能是下一个千里马！

即使有"伯乐",你也得是"千里马"

有一个故事至今使我深有感触,或许,你也会受到启发。

有一个自以为是全才的年轻人,毕业以后屡次碰壁,一直找不到理想的工作,他觉得自己怀才不遇,对社会感到非常失望。多次的碰壁工作,让他伤心而绝望,他感到没有伯乐来赏识他这匹"千里马"。痛苦绝望之下,有一天,他来到大海边,打算就此结束自己的生命。

在他正要自杀的时候,正好有一位老人从附近走过,看见了他并且救了他。老人问他为什么要走绝路,他说自己得不到别人和社会的承认,没有人欣赏并且重用他……

老人从脚下的沙滩上捡起一粒沙子,让年轻人看了看,然后就随便地扔在了地上,对年轻人说:"请你把我刚才扔在地上的那粒沙子捡起来。"

"这根本不可能!"年轻人说。

老人没有说话,从自己的口袋里掏出一颗晶莹剔透的珍珠,也是随便地扔在了地上,然后对年轻人说:"你能不能把这颗珍珠捡起来呢?"

"当然可以!"

"那你就应该明白是为什么了吧?你应该知道,现在的你还不是一颗珍珠,所以你不能苛求别人立即承认你。如果要别人承认,那你就要想办法使自己成为一颗珍珠才行。"年轻人蹙眉低首,一时无语。

也许,你会说你没有遇到好的老师,没有好的老师识别你这匹"千里马",可事实上,自己是"千里马"吗?也许,你具备这个潜力,但是还不足以让人认识你、识别你。

为何有些同学考好了,升入了不错的学校,有些没有呢?并非老师在偏袒那些学生,给了他们足够的照顾,而是由于我们自身的水平还不够,我们还需要去努力,自己还是一颗"沙粒",还没有成为"珍珠"。

师傅领进门,修行在个人,自己是一切的根源。有时候,你遇到了好老师,也需要你自己努力成为"珍珠",变成"千里马",如果你不朝这个方向发展,有"伯乐"也没用。

读懂老师的心

有一则故事让我久久不能平静,我常常想是否当年也误读了老师的心。我希望每个同学看后,也想想自己是否读懂了老师的心,有时候老师的"歧视"也是一种美丽。

高考落榜,对于一个正值青春花季的年轻人,无疑是一个打击。8年前,我的同学大伟就正处于这种境地。而我刚考上了京城的一所大学。

当我进入大学三年级时,有一日大伟忽然在校园里寻到了我,原来,他也是北京某名牌大学的学生了。

"祝贺你!"我说。

"是该祝贺。你知道吗?两年前我一直认为自己完了,没什么出息了,可父母对我抱有很大的希望,我被迫去复读——你知道'被迫'是一种什么滋味吗?在复读班,我的成绩是倒数第五……"

"可你现在……"我迷惑了。

"你接着听我说。有一次那个教英语的张老师让我在课堂上背单词。那会儿我正读一本武侠小说。张老师很生气,说:'大伟,你真是没出息,你不仅糟蹋爹娘的钱还耗费自己的青春。如果你能考上大学,全世界就没有文盲了。'我当时仿佛要炸开了,噌地跳离座位,跑到讲台上指着老师说：'你不要瞧不起人，我此生必定要上大学。'说着我把那本武侠小说撕得粉碎。你知道，第一次高考我分数差了100多分，可第二年我差17分，今年高考，我竟超了80多分……我真想找到张老师，告诉他我不是孬种……"

3年后，我回到高中的母校，班主任告诉我：教英语的张老师得了重病。

我去看他，他兴致很高，其间，我忍不住提起了大伟的事……

张老师突然老泪纵横。过了一会儿，他让老伴取来了一帧旧照片，照片上，一位学生正在巴黎的埃菲尔铁塔下微笑。

张老师说："18年前，他是我教的那个班里最聪明也最不用功的学生。有一次，我在课堂上讲：'像你这样的学生，如果考上大学，我头朝地向下转三圈……'"

"后来呢？"我问。

"后来同大伟一样，"张老师言语哽咽着说，"对有的学生，一般的鼓励是没有用的，关键是要用锋利的刀子去做他们心灵的手术——你相信吗？很多时候，别人的歧视能使我们激发出心底最坚强的力量。"

两个月后，张老师离开了人世。

又过了4年，我出差至京，意外地在大街上遇到大伟，读博士的他正携了女友悠闲地购物。我给大伟讲了张老师的那席话……

在熙熙攘攘的人群中，大伟突然泪流满面。

在那以后的时光里，我一直回味着大伟所遭遇的满含爱意却又非常残酷的"歧视"。我感到，那"歧视"蕴含着一种催人奋进的力量。对大伟和那位埃菲尔铁塔下留影的学生来说，在他们的人生征途中，张老师的"歧视"也许是最美丽最宝贵的。

图书馆应该有相关的书籍

那些让你无奈的老师怎么办？

这几年随着教育越来越被重视，一些教师的问题在新形势和老教育理念的冲突下也呈现了出来。有一次我去了一趟秦皇岛，见了几个学生，在聊天中我发现他们都快变成"小怨妇"了，短短半个小时，几乎都是在诉说对老师的种种不满，比如老师很"变态"，让学生抄写无数遍，真的很没有用；另外去春游，老师在玩，让学生等着她，等她玩结束了才让大家走；还有老师上午留作业让学生中午写，下午一上课就让大家交……还有很多很多。

作业一直以来都是很多同学的痛，小学生的痛在于不断重复做无用功——一抄写就是无数遍，这都是我小时候的老师的做法了，现在还在用；而中学以学习为主，作业量更是不少。很多同学与其说对作业不爽，倒不如说对留作业的老师不爽，好的老师会善于利用作业，因材施教，通过适当作业让学生掌握知识点；一般的老师就是靠布置一堆的作业，似乎学生做了作业就可以掌握知识点了，殊不知这样做的效果很差。对于这种情况，我给大家提一些建议，对于作业我不建议大家不做，要认真做，如果重复次数多，我建议做好前两遍，后边则是以"练字"的心态对待就好，不要对作业急躁和不耐烦，平时很少有练字的时间，这时候就享受吧。

对于不优秀的老师该怎么办？我觉得可以这么思考，假如老师对你不公平了，那就努力让自己更有实力，这个社会没有绝对的公平，如果因为老师对你不好就不学这科，只会让他更不关注你，你不应该拿自己的未来同老师赌气，越是如此越要努力学习，以更强的实力证明自己，同时也要以包容的心态对待他。

其实我们身边有很多好老师，在兢兢业业地付出着。我们不能总是看老师不好的方面，每个人都有缺点，当我们关注优点时，才能让优点发挥更大作用。不管如何我们要让自己进步，老师有缺点不改正就会被未来淘汰，他需要对自己负责，而你亦需要对你自己负责。我们没有太多能力改变别人，唯有通过改变自己来影响别人。

世界因你而不同
——和谐师生关系的六条建议

作为学生，我想你一定渴望得到老师的赞赏，但全班有六七十人，老师也难免有疏忽，所以对于老师，你应该多一分宽容，少一些苛责；多一些帮助，少一些添乱。每个同学都想得到老师的关注，都想成为聚光灯下的明星，但是，并非每个人都会成为明星，你知道现在社会上有那么多的选秀人物，固然给了平民百姓成名的机会，可是这成名的背后也需要绝对的实力。有时候，你抱怨老师这个不好那个不好，反倒不如提升自己，假如你真的有能力了，是货真价实的"千里马"，老师会不关注你吗？自己是一切的根源！

有句话说得好："世界因你而不同。"你们的关系可能会因为你的改变而发生改变，构建和谐师生关系，我给你六条建议：

不要总是带着怀疑的眼光看待老师。假如你对他抱有成见，你总可以找到让你抱怨和不满意的事实。请你多一分宽容吧，毕竟老师也是人，你都有不顺心、情绪不好的时候，何况老师呢。

学会尊重自己的老师。碰到老师问个好，热情地打声招呼，都会增进与老师的关系，你的尊重是他们工作的动力。

上课的时间你可以表现得更好些。至少可以约束自己的行为不去影响别的同学，不让老师在课堂纪律上操心。

为班级贡献自己的一份力量。只要你不是最后一名就可以帮助不如你的，你至少可以在班级卫生、班级活动中贡献一份力量；你对班级的感情越深，越能找到对班级和老师的感情。

你可以更加积极主动些。有了问题不要憋在心里，你可以主动问老师，多数老师还是希望你能提问的，至少这代表着你学习了，这也是他们期望的。自己犯了错可以主动道歉，如果老师对你的批评你觉得不合理，有些难以接受，或者老师误解了你，不要闷在心中，你可以跟老师说你的想法。

对于老师的过失，你可以通过很多方式表达给他。譬如写一个小纸条，譬如下课找老师小谈；你希望别人给你留面子，你也要给老师留些面子，毕竟老师也不是"圣人"，不要讥笑老师，更不要故意给老师难看。

假如有可能，在你们的班会上，建议你和你的同学与老师做一个"头脑风暴"，围绕着下边表格展开。

我这么瘦弱，对手那么高大。
看来这次要失败了！

工具二：和老师说说心里话

原则：
这是一场没有老师和同学的分享会，不要拘泥于身份限制。没有批评、没有指责，你可以将内心最真实的想法说出来。

讨论内容：
班级中的哪些行为令你高兴；班级中的哪些行为令你不高兴；
老师的哪些做法令你称赞；老师的哪些做法不好；
老师的哪些行为需要改进；你觉得自己与老师间的矛盾是什么；
你觉得自己与老师相处中做了哪些不该做的事儿；你可以做些什么让班级更好；
你可以做些什么让你与老师的关系更好；老师觉得自己做些什么可以与同学关系更好，更能帮助他们学习。

讨论的成果：
意识到的不足有：
意识到的优点有：
需要改进的地方有：
采取的行动有：

第三章

家，如何成为避风的港湾？——亲子关系

【对话和博士】

为何家会伤人？

一天凌晨，西安消防接警称，一小区住宅发生火灾。消防救援人员接警后立即赶往现场，到场后发现，现场明火已被业主扑灭。经询问得知，肇事者竟是"自家人"。原来，一名 15 岁的少年因与父母发生争执，赌气将作业本等可燃物点燃引发了火灾。

父母发现起火后，第一时间取水灭火，并拨打 119 电话报警才避免了悲剧的发生。由于该孩子未满 16 周岁，消防人员对其进行了批评教育，引导孩子父母对其严加看护。确认现场无危险后，消防人员才返回。

和父母发生争执是很正常的事，但是孩子为什么会发生过界的行为？家原本应该是温暖的地方，避风的港湾，为何会发生这种状况？

我想有个家

我想有个家,一个不需要多大的地方,在我受惊吓的时候,我才不会害怕。

…………

潘美辰的《我想有个家》唱出了很多人对家的渴望。我们都渴望有个家,可是家是什么,有人说家就是吃饭睡觉的地方,有人说家是可以哭泣的地方……不同的人对家的理解不同。

小时候的你最喜欢的事情就是腻在爸爸妈妈身边,那个时候仿佛他们什么都知道,好厉害!可是随着年龄的增长,你发现,父母与你的分歧越来越大,他们似乎不理解你,你也很难跟他们沟通到一块儿。你想按照自己的想法做事,可是他们偏偏让你按照他们的方式来。

我想很多同学,听父母说过类似这样的话:"唉,真是越来越难管了""你怎么这么不听话""我所做的一切都是为你好啊",似乎长大后你就变得不听话、难以管教了,为什么?为什么你也会觉得你和父母之间的距离变得远了?

随着你的成长,随着你知道的事情越来越多,随着你经历的事情越来越多,你逐渐有了自己的看法,而这个看法又往往和父母的看法有冲突,即使观点是一致的,又总陷入"嘴硬"不肯承认的对抗状态。

我做了很多调查，发现同学们对父母的反感主要集中在下面几点：

父母总是拿你和别人比较

父母说了一遍又一遍总是唠叨

当你的意见与父母的意见不同时，他们总是认为自己的是对的

父母总是对你不满意

父母总是用以前的观念去教育你

父母不理解你的真实想法

父母总逼着你学习

父母不信任你

…………

随着你的成长，你的烦恼越来越多，而和父母的沟通是越来越少；到了高中，你所有的时间都给了学习，而父母有时候又不得不为了生活去辛苦工作，沟通的时间少得可怜，即使有了沟通的时间，彼此也很难张开口，因为你们彼此不知道谈些什么，仿佛两个世界。你发现自己想找一个温暖、舒服的家都很困难了。

你了解自己的父母吗？

你了解自己的父母吗？在你埋怨父母的同时，你对自己的父母了解多少？我们做个小调查看看你知道多少（见表2-4）。

表2-4　你对父母了解程度的测试
父母的生日是：
父母的结婚纪念日是：
父母的喜好是：
父母最爱做的事情是：
父母最爱吃的饭菜是：
父母最大的心愿是：
父母最大的遗憾是：
父母最好的朋友是：
父母对工作的态度是：
父母现在的工作、生活情况和感受是：
数出父母的十个优点：

表 2-4　你对父母了解程度的测试

数出父母的十个缺点：

父母对你的期望、对你的爱的方式是：

父母认为你能为他们做的最令人满意的事情是：

附加一个问题：你心目中理想父母的样子：

当你写出答案后，建议你给父母看看，看你能完成多少问题，看你的了解是否和父母的真实情况一样。

也许，你不记得父母的生日了，但是，我敢肯定他们一定记得你的生日，我想你生活中的点点滴滴他们都会记得。也许，这些事情你觉得都是小事，可是这些小事却是让你们关系融洽的大事。

你觉得父母烦死了，可是你有没有站在父母的角度去思考这些问题呢？父母拿你和别人比较，这是父母的一种通病，和其他孩子比较，固然有"恨铁不成钢"的意思，但更多的还是希望你能再接再厉，只是他们的表达方式不一定对。有一点你可能没有发现，在你讨厌父母拿你和别人比较时，你内心是深深渴望得到他们的爱与认可的。称赞别人会让你觉得自己不如别人，你无法面对自己在父母心中不如别人的事实，说白了你还是在意父母、爱父母的。

我以前也不喜欢父母在自己耳边唠叨，其实谁喜欢呢？我敢说你的父母也不喜欢，这都是正常现象。可是他们为什么还会唠叨呢？因为关心和爱，正因为关心才不得不叮咛，正因为爱才一遍又一遍地嘱咐。如果损失几千、几万元他们可以接受，可是孩子出一点事却是万万接受不了的。拿我母亲来说，现在60多岁了，每次通电话她都会把一件事情重复很多遍，甚至前几天讲过的事情又翻来覆去地讲，我知道这是母亲在惦记我，她说得多，说明她在意，既然能让母亲找到一个倾听的对象我又何乐而不为啊。我改变不了我的母亲了，但是我可以改变自己，为什么不尝试着从自己开始改变呢？

我曾和一位师弟接触过一段时间，他是英国留学生，当时在北大读研究生，修的是物理专业。他会四门语言：英语、法语（大学是在法国读的）、日语（在日本交流学习了一年）和汉语。他告诉我，在英国当你18岁成人后，父母实际上就可以不再出钱供养你了，要靠你自己的努力，当然，你需要钱也可以，但是你需要打借条。18岁时，我们刚刚高中毕业进入大学，有多少人能自给自足？

大多数的父母都在犯这样一个错误：当年自己吃了亏，受了苦，不能再让孩子吃亏受苦了；当年自己没有考上大学，不能让孩子再考不上大学了——父母将他们未实现的梦想"转嫁"到你身上了。这是父母可悲又可怜的一面，尤其是现在的一些知识分子家庭，父母对孩子的要求更高，因为他们懂得太多了，太清楚优秀是什么了，脑子里全是优秀的影子和模子，于是，你成了他们"培养"的对象。

父母的爱很深沉，你是否愿意了解他们呢？不要拿自己学习任务重、没有时间作为借口，你完全可以抽出来一两个小时跟你的父母沟通。请记住，自己是一切的根源，你可以主动起来的。

再从网上查一些资料

你和父母的矛盾点是什么？

从我在北大读书到去往各地做讲座，再到《学会自己长大》书籍出版，一直以来，我和全国各地的中小学生交流得比较多。大家愿意和我分享自己的困惑和问题，我也非常理解大家的感受。近几年，随着我和家长交流的增多，同时，自己的孩子越长越大，我越来越能体会到作为父母的不易。与很多父母相比，我的见识、经历和资源都要多些，对于孩子的未来也会有更多想法，但望子成龙的心愿人人都一样，即使不同的父母培养孩子的方式不同，但所有父母都会尽自己的能力给孩子创造更好的成长机会。

在今天，虽然经济发展很快，但优质的资源始终是稀缺的。"王侯将相宁有种乎"，作为父母没有谁会觉得自己的孩子差，尤其是在小学阶段，恨不得都把孩子当作天才来培养，却在这个过程中，父母与子女间产生了各种各样的矛盾。

你们和父母的矛盾点是什么？在回答这个问题前，我建议大家问自己几个问题：

你认为父母对你的建议和要求对吗？

你在什么方面不认同父母？

你认为父母的要求对你未来发展有帮助吗？

你觉得自己如何做父母才会满意？

你是否尝试过与父母沟通？

你觉得父母相信你吗？如果不相信你，不相信你什么？

你觉得是否可以心平气和地与父母坐在一起讨论某个问题，达成一个共识，然后签订一个文字协议？

我们和父母最大的矛盾点往往是达不成共识——你不愿意接受父母的安排，或者不愿意直接屈服于父母的安排。但在每次争吵后，静下来想想，是不是也没有那么严重？父母的出发点是为我们好，可能是沟通方式不被接受，也有可能确实是我们的行为不太对，但一旦发生争吵，你原本可能会去做的事情，也会变成对抗。

很多孩子经常觉得父母不信任自己，还对自己各种指手画脚，但说实话，站在客观角度来看，很多同学自身也有问题，比如有不少不好的想法、习惯和行为，不喜欢父母约束自己，但对自己要求又低，即使做错事也很容易给自己找借口。

在所有人际关系中最重要的就是家庭的关系，是我们和父母的关系。如果与父母关系不好，长期下去对我们身心成长都有不好的影响。如何在家里受欢迎？你可以认真阅读第四部分内容；如何成为父母信任的孩子？你可以认真阅读第五部分内容。

你渴望什么样的父母？

有些同学和我说，他们会羡慕别人家的父母，特别通情达理，而且能够给予孩子很多帮助，而自己的父母整天唠叨，除了批评还是批评。你在羡慕别人家的父母，而你的父母又在谈别人家的孩子，如果家庭关注点都在错位中，那就很麻烦了。

天天在一起的人，即使优点再多也会习以为常，而很多父母都是站在希望孩子更好的角度来关注孩子的不足，会认为把短板补足就是最好的进步。但是羡慕别人家父母，是因为你不了解别人的家庭，这就如同围城，城外的人想进来，城里的人想出去。

我曾经看过一个故事，一个小女孩和父母闹矛盾，一气之下离家出走，饿了一天后在一个面摊前徘徊，特别想吃一碗热腾腾的面条，可是她身无分文。卖面的阿姨看出小女孩的心思，心生同情，免费给她做了一碗面条吃，结果小女孩感激得哭了，对阿姨说："你对我太好了，要是我妈妈能像你一样那就太好了！"那位阿姨听到后，对小女孩说："我只是免费给你做了一碗面条，你就对我这样感激，可是你妈妈给你做了十几年的饭，你为什么不去感激她呢？"

我们总是对父母有诸多要求，却忽略了他们日复一日的付出。站在解决问题的角度，我建议你改变看问题的角度，并增加解决问题的主动性。

家不是某一个人的，需要共同的努力。我有一个好的建议，就是你把渴望的父母的样子描述出来，但描述的要求不要太多，同样，你也可以和父母谈，让他们描述出来他们所渴望的你的样子。你可以参考下面的表单（表2-5），和父母一起完成，把最渴望的元素排在第1位，按照渴望强度从高到低逐次排到第6位（可以不到6位）。

	表2-5 理想中的家庭成员描述表	
	你理想中的父母是什么样子	父母理想中的你是什么样子
第1位		
第2位		
第3位		
第4位		
第5位		
第6位		

希望你们共同努力，构建一个温暖和谐、积极向上的家。

爱可以重来——温馨家庭的五大建议

同父母和谐相处,不再为父母的不理解而烦恼也是你渴望的吧?我相信你能做到,更重要的是希望你愿意做到,理解父母并与之和谐相处,我给你五条建议。

不要把想法憋在心中,尝试着和父母分享。也许这些想法不成熟,但是毕竟是你的想法,甚至是你的困惑,尝试着与他们分享你在学校的收获和困惑,一起寻找问题的解决之道。

在你和父母沟通时,建议以这样的方式解决:

先理解父母的方式;

再分享你的想法并寻求父母的理解;

再和父母一起进行头脑风暴,找到解决问题的方法;

最后确定最好的解决方式,并且验证它。

也许,你还不能完全放开去跟父母沟通,但你可以先做这样的事情:把自己内心的想法发泄出来,采取心理咨询中的"空椅子对话"。拿两把椅子,找一个适当的位置,让两把椅子正对,你坐在一把椅子上,想象妈妈或爸爸就坐在对面那把空椅子上。对着空椅子,你可以把平时想说而不敢说的话都说出来。这些话可以是对父母的感谢、关心,也可以是不满,还可以是对父母的建议。

你还可以利用手机录音或者微信、QQ语音留言给父母，移动互联网时代，给了我们更多沟通方式。

尝试着了解父母。你常说他们不了解你，可是你又何尝了解他们，你在上文做了了解父母的表格，尝试着去了解他们的点点滴滴吧，你会对父母有个新的认识。

没有完美的父母，不要苛求父母。他们不是你心目中的完美父母，他们也会犯错误，给他们成长的机会吧。在你的世界里，你也是他们的老师，尝试着做做老师的感觉吧，对他们宽容些。

注意生活中的小事情。一句温暖的话、一个甜美的笑容都会给你父母温馨的感觉。他们也不容易，当他们对你有所帮助时，请主动说声"谢谢"。你也可以主动些，告诉他们"我来帮忙"，不要吝啬你的"我爱你，妈妈""我爱你，爸爸"。

自己是一切的根源。有时候父母会犯错，父母让你烦恼，改变他们的观点不容易，可是你可以改变你的态度，控制你对父母的行为，甚至控制自己的选择。所以，事情不是没法解决，关键是我们是否愿意改变。自己是一切的根源，与父母相处，最核心的是：**先理解父母，再让父母理解你，抱着双赢的态度。**

当你和父母产生分歧甚至冲突时，建议你使用"家庭分歧解决表"（见表2-6）来思考问题和解决问题，当你和父母产生矛盾时，你可以遵循以下六步思考问题和解决问题：

第一步：明确是哪里发生了冲突；

第二步：明确双方的矛盾分歧是什么；

第三步：对于冲突问题，可能的解决方法有哪些；

第四步：哪些解决方法是父母不能接受的，哪些解决方法是你不能接受的；

第五步：哪些解决方法是你和父母都能接受的；

第六步：检验解决方法是否有效。

表2-6 家庭分歧解决表	
你与父母的分歧点：	
父母的想法：	
你的想法：	
可能的解决方法：	
父母不能接受的方法	你不能接受的方法
双方最后都可以接受的方法：	
出现误解的原因：	

Part three

青涩的感情，也可以成为成长动力

成长的过程，离不开与异性的相处，多彩的青春也正是有了男生和女生才显得绚烂。男生喜欢得到女生的关注，女生又何尝不希望抓住男生的眼球？但为何爱她／他成了彼此的伤害？男生女生到底该如何相处？青涩的恋情就是不能碰的禁区吗？

第一章

莫名的就是喜欢你——青涩感情

【对话和博士】

莫名的悸动

人生总有很多的巧遇。一天他到其他班借学习资料，拿到资料后，不经意间与一位女生的眼光相遇。那是一双向他微笑的眼睛，送来的是善意的微笑，他不禁怦然心动，连忙走开了。后来，又遇到了这位女生，她同样报以微笑，两人就这样互相认识了。但是，他们从来没有说过话，总是心领神会地送上友好的微笑。当他学习累的时候，脑海中总是想起那善意、鼓励的微笑，这时他又觉得自己充满了力量，又有了动力。不仅男孩有这种感觉，女孩也是如此，一次巧合的相遇，却让他们有了一种向上的动力，甚至隐约中感到一丝关爱的甜蜜。于是，他俩总是在暗暗地刻苦努力学习，不知不觉地，两人的成绩都在班级中名列前茅。高考结束后，他给女孩发了个短信："我们一定都会考上理想中的学校！"9月份，他们相约踏上了前往北京的火车，一路相随……

青春期你需要知道的事

你一定听说过一个词——青春期，在这个时期，很多人称你们不成熟、冲动、重视自我、追求个性……青春期是每个人必然经历的阶段，然而，不同时代的人，其青春期包含了不同的内容。相对来说，由于移动互联网的快速发展，在信息和连接如此容易的今天，新一代的你们进入青春期的时间也提前了很多。今天，环境变了，接触的信息多了，面临的抉择多了，冲突也就多了，这就更加地让你们困惑了。

青春期是人的身体快速发育的时期。这一期间，不论男孩或是女孩，在身体内外都会发生许多巨大而奇妙的变化。因此，掌握和了解这一时期身体的变化，对孩子顺利度过青春期来说，无疑是一件十分重要的大事。

对于女生来说，青春期是指从月经来潮到生殖器官逐渐发育成熟的时期，一般从10岁到18岁左右。这个时期，女生全身成长迅速，逐步向成熟过渡。随着卵巢发育与性激素分泌的逐步增加，全身多部位都会显现出女性特有的体态。

对于男生来说，身体在青春期也将发生一系列引人注目的生理变化，无论在形态上还是生理上，都有较大的改变。这一时期是男子成长发育的最佳时期，除身高、体重猛增外，主要是第二性征发育，如声音变粗，开始长出胡须和腋毛，生殖器官也逐渐向成熟的方面发展；性格上也变得成熟、自信起来，不再像小孩那样幼稚和无知了。男孩到了青春期，由于性发育成熟，在雄性激素作用下，会对女性产生爱慕之情，这完全是青春发育过程中伴随着生理发育所产生的一种心理变化，属正常现象。但如果处理不好，缺乏应有的性知识，不讲究性道德，就容易犯错误。所以有人又把这一时期称为"青春危险期"。

　　在第二性征发育的同时，青少年在心理或生理上都有了改变。一般来说性情显得较为忧虑、暴躁，对看不惯的事较易发脾气，但对异性充满了兴趣，对"性"产生了好奇。这种心理、情绪、行为等方面的变化受文化媒体及社会因素影响较大，被称为第三性征。

嘻嘻，他们跑的可真慢

性意识是这样发展的

进入青春期，在荷尔蒙等的作用下，你会产生一系列生理变化，性意识开始觉醒和发展。性意识的觉醒，是指你开始意识到两性的差别和两性的关系，同时也带来一些特殊的心理体验。

为了能使你更清楚自己对于异性的渴望心理，我希望你能够了解自己性意识发展的三个阶段。

第一阶段：异性疏远期。这一阶段始于童年末期，终于少年中期，大约介于10岁～13岁。女生在童年末期表现得非常强烈与明显，并持续到少年初期；男生稍迟些，在少年初期表现得最为强烈和明显，并持续到少年中期。疏远主要是生理原因，由于第一性征的变化和第二性征的出现而引起的，最早发生在女生身上。在整个疏远期，女生总比男生表现得更为突出，因为青春发育期的到来，女生明显感到了自己生理上的变化，她们会紧束日益隆起的胸部，甚至连走路也故意弯着腰；她们认为男女交往是不可思议的，所以会故意疏远男生（现在这种情况明显好转，因为信息化到来，男女认知的开放程度也有了很大提升），即使是童年时代两小无猜的异性朋友，在这一时期也开始对对方不自然地躲避。

男生在少年初期也会出现这种疏远异性的现象，这也是由于生理因素引起的，譬如，男孩往往害怕别人知道自己长了阴毛，因而小便、洗澡时也遮遮掩掩；他们对女生不屑一顾，全然不感兴趣，只热衷于打篮球、踢足球之类的活动。

一般说来，男女生的这种疏远要持续一年左右，有时甚至会更长一些。在这一时期，"男女界限"颇为明显，男女同学很少一起活动，即使在学校组织的集体活动中，男女之间也不愿接触。个别男女学生干部之间接触得多一点，就会受到其他同学的"攻评"：男生会嘲弄、起哄，女生会窃笑、讥讽，这样就会使男女同学更惧怕接近。尽管他们在内心深处都已产生了接近和向往异性的愿望，但在外表上以疏远甚至反感的形式表现出自己与异性已"划清界限""敬而远之"。这种情况往往容易造成男孩女孩之间的不团结，影响他们的正常交往。

在青春期开始时，少男少女特别敏感。第二性征的出现，在他们内心深处产生了情感萌动的朦胧感觉，把异性的秘密看得很神秘。这就使得他们在与异性的接触或交往中，往往会产生一种羞涩、忸怩或不自然的感觉，并在传统思想的影响下，深虑与异性的接触会引起别人的耻笑或议论，因而出现了"心有相互吸引之力，而行又互相疏远"的现象。如走路不同行、学习不同桌、开会各一边、活动各结伴等。

第二阶段：爱慕期。这一时期始于少年初、中期，终于青年初期，大约介于13岁～17岁，是青少年异性意识表现和发展的一个重要阶段，主要是由于青春发育期高峰的到来而引起的，其主要表现形式有两种：一是情感吸引，二是渴求接触。就其一般性而言，有如下四个特点：

第一个特点是，喜欢表现自己。在这一时期，无论男生还是女生，都喜欢在异性面前表现自己，以期引起对方的注意，博得对方的好感。男孩常常有意在异性面前展示自己的风度、才华、能力；女孩会着意打扮自己，她们总觉得异性注视着自己，言谈举止显得紧张、腼腆。

第二个特点是，感情交流肤浅。 异性间接触时感情交流比较隐晦含蓄，常以试探的形式进行。如女生常以眉目传情，或借口要求男生帮助以观察对方对自己感情流露的反应；男生则借口与女生说话，或通过主动帮助女生做事以获得对方感情反馈的信息。这种"犹抱琵琶半遮面"的做法，很少能达到感情上的真正交流。

第三个特点是，交往对象广泛。 一般说来，周围的同龄异性，只要有某种契机拨动了自己感情的琴弦，就有可能成为亲近的对象。简言之，就是爱慕的对象不是确定的、单一的。

第四个特点是，向往年长异性。 在爱慕期，青少年有时也会出现喜爱、向往、崇拜年长异性的现象。例如，他们有时会给自己喜爱的演员、作家、运动员等写信和寄赠礼物，并翘首盼望他们回信和与之交往。

为什么会这样……

从以上分析可以看出，这一时期异性的吸引并不等于恋爱，爱慕也并非是早恋，这是一种普通的两性关系，区分这两种状态是非常重要的。有的成年人却不能正确看待，甚至有时孩子自己也分不清是不是早恋，误把异性的好感当作是对自己的倾心，从而造成精神苦恼。家长既不能把发生在爱慕期的异性吸引不加区别地当作"早恋"，人为地抑制和反对，又要注意，他们毕竟临近恋爱期，必须引导他们正确地区分爱慕与恋爱，否则，会使孩子产生逆反心理，诱发他们追求异性的神秘感和狂热性，产生恋爱意识，进入恋爱角色，卷入恋爱旋涡。

第三阶段：恋爱期。这一时期一般始于青年初期的中、后阶段，大约介于17岁~20岁，是青春发育期异性意识发展相对成熟的阶段。恋爱期异性交往有以下四个特点：

第一个特点是，交往对象的特定性。在恋爱期，男女生已开始按照各自心目中的偶像寻找"意中人"。他们追求特定的异性，并喜欢与之单独在一起活动，出现了不喜欢参加集体活动而带有"离群"色彩的心理倾向，这一特点在男性身上表现得最为明显。

第二个特点是，相互爱情的浪漫性。这一时期的男女孩往往把恋爱看成一种神秘的、奇妙的、难以理解的力量。对恋爱的浪漫态度，典型的表现是"一见钟情"，认为恋爱是婚姻的唯一标准，真正的爱是永恒的，一生只有一次，等等。这种浪漫的爱情与关系基本稳定、坚固、和谐和以注重现实为特点的爱情是不同的。

第三个特点是，感情交流的深刻性。与爱慕期两性感情交流比较隐晦含蓄和以试探的方式进行不同，在这一时期，两性间的感情交流较为直率、系统，并常以幽会的方式进行。

第四个特点是，对爱恋对象的占有性。 这一时期的男女孩会产生对爱恋对象的占有欲，并出现毫不掩饰的嫉妒心理：对爱恋对象与同龄异性接触不满，甚至疑神疑鬼。

没有梦想怎么叫青春！

这并不是早恋

对于早恋，你了解吗？假如你没思考过这个问题，你不妨停下来，思考一下。

工具三：青春期情感思考表
你了解什么是"早恋"吗？
你有喜欢的女孩或男孩吗？
你喜欢对方的原因：
你觉得早恋好吗？
早恋的好处：
早恋的坏处：

早恋是人生一个特殊时期所表现出来的一项特有的心理活动，在心理学上被称为异性效应。处于青春期，正是花一样的年龄，两性间的自然吸引所产生的爱慕之情是自然而美好的，这是一种正常现象。

对于"早恋"，我更愿意称它为"青春期的情感"，原本这只是一个正常的生理、心理现象，可是由于老师、家长及社会上的成年人过分地关注，而带来了各种各样的结果。甚至，原本正常的男女异性间的友情也被"妖魔化"成了"恋情"。

看过上文的一些介绍，你或许了解到一些情况，处于青春期，喜欢异性是生理和心理的正常现象，但很多同学并非很理智，并非很了解自己的情感，误把正常的异性关系当作了所谓的"爱情"。在此我也给大家分析一下，为什么会有"早恋"的举动，让你更清楚自己的情感。

首先，生理上的成熟是"恋爱"的主要内因。当你进入青春期后，随着生理的变化，性心理也必然发生复杂的变化。现代男女均在13岁左右趋向性成熟，到16岁至17岁达到性成熟的最高峰。中学阶段正是十三四岁到十七八岁的时候，中学生生理的发育与逐渐成熟，引起了性心理的变化，也给不少同学带来了苦恼。进入青春初期的中学生，随着活动领域的扩大和知识的增多，认知兴趣和求知欲的增强，在性成熟的生理作用下，一方面对性具有强烈的好奇心，产生了许多疑问，从内心深处感到异性吸引的存在，试图接近异性，探索异性的奥秘。另一方面也产生了青春期的新奇感，他们开始注意异性、亲近异性，容易产生爱慕和追求的情感，出现了一系列的思想问题。然而，由于此时的生理、心理尚未完全发育成熟，特别是世界观、人生观、价值观还处于形成阶段，思想还不够成熟，因而，不能很好地调节控制自己的心理需要。由于缺乏健康的异性交往心理，可能把异性吸引误认为是爱情。

其次，信息和社交网络的影响，尤其是网络小说、大众传媒的渲染是恋爱的推动力。大众传媒对中学生的情感给予了过多渲染，描写青少年情感的文学作品、影视节目纷纷出台，对青少年产生了一定的误导。

此外，不健康书籍杂志、低级趣味的影视作品等也对青少年的思想有直接影响。各种传播媒介中，给成人看的影视作品中充斥着大量的情爱信息，而青少年正是好奇心正盛的时候，还没有能力去驾驭自己的内心情感，很容易受到这些影响。

再次，家庭、学校的不正确态度是恋爱的"催化剂"。首先是家庭教育，有些父母整天为生计劳碌奔波，没有多少时间去关心孩子看些什么、听些什么，也没有多少时间顾得上与孩子交流思想感情，给予积极引导。很多家长往往对这个问题采取严厉禁止的态度，不允许孩子有正常的异性交往，封锁一切有关性知识和爱情描写的书刊，导致一些孩子产生逆反心理。其次是学校、老师对恋爱问题采取回避态度，绝对禁止男女学生的个别交往，一旦发现任何蛛丝马迹，便不分青红皂白地定性为"恋爱"，甚至公开处罚，常常会严重挫伤学生的自尊心。

最后，是中学生自己的错误"恋爱"行为。正如我一直传达给大家的思想——"自己是一切的根源"，前三个原因，我是从客观角度去描述的，最后一个原因则是来自你自己对"恋爱"行为的态度和反应，比如从众型恋爱行为、逆反型恋爱行为、寄托型恋爱行为、模仿型恋爱行为、虚荣心型恋爱行为、体验式恋爱行为等，在这里就不详细展开了。

没有梦想怎么叫青春!

你要明白的"情"和"事"

有人对于"早恋"有这样的看法:"每个时期都应有每个时期的事情,倘若提前做了后一个时期的事情,你便失去了前一个时期。"我很赞同他的看法,每个时期都有每个时期的事情,有些"情"有些"事"你需要清楚。

情窦初开,喜欢一个人那是你成长的表现,你有这种心理证明你是一个"正常的人",这些想法都是正常的。但是,喜欢不一定就是"爱情",有好感不意味着要谈恋爱,莫把男女之间的朋友关系、知己关系当作"爱情关系"。在前边的分析中你可以看到很多同学为什么会有早恋心理,为什么会有早恋现象,你需要分辨清楚自己的感情。我想有时候你也很无奈,因为开始并非是为了所谓的"爱情",仅仅是友情甚至知己之情,结果被别人误解,可是你要考虑你是否有哪些地方让人误解了,思考自己交往的行为,是否有不当的地方。

人是一种动物,会有各种冲动,但是,人又比别的动物高级,那就是可以慢慢学会控制自己,让自己趋于理智。青春期是情绪化最激昂的阶段,也是你的情感最动荡的阶段,我也从那个阶段经历过。初中阶段,我单纯的观念里也有朦胧的影子,当时班里有两个很可爱的女孩,就坐在我的身后,当时,我比较调皮,有时候上课还说话,她们俩做的最多的事情就是提醒我老师来了,要注意了。当时,我很喜欢去教室,因为有两个可爱的女生在身后,那个时候很是单纯,从来没有想过这就是喜欢。虽然喜欢看见她们,却从来不敢牵手,更没想过时刻让她们跟在我身边,因为她们也有自己的学习和生活,影响了她们,她们还会和我保持这样的一种朦胧而又雀跃的感觉吗?初中毕业后,我很少见她们了,这段情感也就深埋在我记忆中了,我也很自豪自己当时没有做出过分的举动。彼此保持距离地看着对方,彼此互相帮助也是很快乐的,因为缘分这东西很奇妙,谁知道命中注定的人在哪里。

高中阶段,我单纯的感情中又出现了另一个女孩的影子。当时,学校里有谈朋友的,但是,年少轻狂的我却是不知情为何物,总之,始终没有迈出这一步,然而,那份懵懂的情愫一直让我暗自努力,只为了将来能在大学更好地相遇。我始终觉得:喜欢一个人,不是让她困扰,让她围着自己转,也不是让自己盲目地围着她转,我相信只有彼此帮助互相进步才会让我们在未来有更多的机会。

喜欢也可以成为动力

处于青春期的我们会有自己的爱慕和情感，然而爱慕和情感也会给我们带来巨大的困扰，甚至成为阻力。在这里我想告诉大家的是，如果真的喜欢了，那就让喜欢成为一种动力。青春是最美好的阶段，处于青春期的同学们应该具备自己的力量，为了你能具备这个力量，我给你十条魔法。

魔法一： 你需要认识青春期生理和心理变化，只有了解了成长过程中出现的变化才可以平静而合理地应对。

魔法二： 有虚荣心是正常的，但是感情不是炫耀的资本，假如拿另一个人的感情来成就自己的快乐，是最要不得的。

魔法三： 人或多或少都有从众心理，但是，请你审视自己的感情，没必要跟着流行"恋爱"，有时候你需要的是友情和亲情，却不是爱情。

魔法四： 以对抗来应对老师和父母，受伤的是三方，尤其是处于这个阶段的你们，对抗来源于不理解或者误会，坐下来沟通比站起来反抗要安全得多。

魔法五： 假如你们是真心喜欢对方，那请珍惜这样的感情吧，你真的很幸运，但幸运也需要小心呵护。在确定真的喜欢对方前，请认真思考下面一些问题（见表3-1）：

表 3-1 "恋情"思考表

1. 你觉得他/她什么地方吸引你?

2. 什么让你觉得自己是喜欢他/她的?

3. 假如你喜欢他/她,你怎么保证能让他/她幸福,你拿什么让他/她幸福?

4. 你觉得做哪些事情会给他/她带来困扰?

5. 你考虑过你们的未来吗,你能为你们的未来做什么?

6. 双方的父母知道你们的交往吗,你觉得如何才能让父母接受?

7. 恋爱会影响你们的成绩吗,如何才能更好地提高你们双方的成绩?

8. 请做一份你们未来的计划书吧。

魔法六：假如你们双方真的喜欢彼此，请不要在学校、公共场合做出一些不礼貌的举动，我知道这个时候的你们是火热、奔放的，但是，也请注意场合，更要注意的是自己的身份。

魔法七：无论你们的感情有多深厚，在没有成人之前，我都建议你们不要做出过于亲密的举动，以免遭受难以承受的痛。

魔法八：不要忽视了同学、朋友的友情，莫让学校的生活成了"二人世界"。没有不闹矛盾的朋友，闹了矛盾需要有其他朋友的缓和，我更希望你在中学阶段有更多的好朋友、更牢固的友情。

魔法九：假如你是爱对方的，你如何保证你们的未来？如何做才能让你们有更好的未来？没有经济基础的爱情是空中楼阁，你要做什么才可以让你们有共赴未来的基础？

魔法十：自己是一切的根源，这是最重要的。也许你觉得老师、父母对你不公平，也许社会上有种种诱惑，请你尽量地控制自己，我知道这很困难，让你一个人面对总是很痛苦，但是，你可以尝试着和父母修复这份关系，让他们理解你，毕竟你们是至亲；当然，你也会有好朋友的，对他们倾诉也是一种方法，或者，你可以和我联系，至少我是一个很好的倾听者，也许可以给你一些很好的建议。

第二章

爱你还是伤害你？——爱的困惑

【对话和博士】

在责任面前，现实击碎了幻想

和博士，没想到以前听别人讲的故事竟然真的发生在我身上了！

青春期的我，期待过美好的爱情，但现实却狠狠击碎了我的幻想。曾经天天在一起许下的"海誓山盟"和说过的"甜言蜜语"，在需要承担责任、面对问题时，原来那么不堪一击！您之前在交流时讲过，女孩子一定要坚守住自己的底线，因为对方可能并不像想象的那样能够承担。即使一时能承担责任，但谁又能保证未来也能一起面对？

当初，我在紧张的压力之下，没有守住底线，出现了意外，没想到对方却无情地逃避，我也不敢告诉父母。

对您之前分享的，我十分认同，希望我的经历能够提醒更多女孩坚守底线，不要让爱成为一种伤害，甚至影响自己的一生！

当"爱"成了伤害

喜欢一个人是莫名其妙的事,你不知道何时何地就遇到了那个人,莫名地就是喜欢上了,这是你无法阻止的。人是情绪化的动物,越是用理智去克制这种喜欢,越是感到难受,你会发现自己满脑子都是他/她,挥之不去。现在的社会给了你太多的信息,你心中是否有了完美的他/她的影子?父母的感情,所崇拜偶像的感情,最熟悉朋友的感情,甚至你看过的浪漫小说、电影,都对你心目中的那个他/她有影响。当你遇到了类似你心目中设想的他/她时,你极有可能沦陷。

我听过有些人说:"我就是喜欢他/她,我无时无刻不想和他/她在一起!离开了他/她我会痛不欲生,觉得人生没有意思了。"真的吗?你无法控制的可能并不是你心中的"爱",而是过分的依赖感!这是一种寄生心理,其实,离开了他/她你真的就无法生存了吗?你可能没有仔细审视过自己的内心,你想要的不是爱,而是需要。

在生活中,我遇到过这样的女孩,她交过好几个男朋友,和每个男朋友交往时,都觉得自己很喜欢他,无时无刻不想见到他,每次分手又都是哭得天昏地暗的,仿佛自己要死掉一样。可是,没过多久,她又欢天喜地起来,说她又遇到新的白马王子了,她太喜欢他了,于是就和他在一起了。变化之快如同变脸,其实,她需要的根本不是爱情,而是有人依赖的满足感。

对于感情，很多同学弄不清感情背后的东西，是无法控制自己的情感还是无法割舍那份依赖，无论哪种都不是你口中所说的"爱情"。很多人把获得对方的心当作目标，殊不知越是这样越不容易成功，要想获得别人真正的爱，至少你要成为值得被爱的人。请看下面的例子，这是一个大学生对我倾诉的。

和老师，我很矛盾。原来我在班上属于前三名，后来我喜欢上了班里一个男生，我很喜欢跟他在一起，他也很喜欢跟我在一起，他经常要求我陪他散步。我们无法克制地喜欢彼此，只想两个人无忧无虑地待在一块儿。我不喜欢别的女生跟他说话，也不喜欢他主动跟某个女同学好。每当上课学习时，总是想知道他在做什么，我没法子集中注意力学习，学习成绩一落千丈，我知道这是不对的，可是跟他在一块儿真的很快乐很幸福。每当他要我陪他时，我又不会拒绝，就这样关注他喜欢他，可是成绩却越来越差，为什么幸福和现实相差很多？我该怎么办？

有些同学很自私，总从自己的角度出发，比如，下课要求对方陪其走走，放学要跟其到小树林聊聊天，希望对方能跟自己更多时间在一起。总之，对方如果不出现在跟前，自己就不开心，满脑子都是对方要满足自己才可以。有些孩子，被错误地引导，觉得爱一个人就是可以为他奉献自己的所有，结果时间都被浪费了，学习成绩下降不说，还把整个家庭弄得满是创伤，到了最后却还是分开。我觉得这样的牺牲根本就不是爱，或者说你想用这些做法去证明你很爱他吗，还是只有这么做才能让你觉得自己是爱他的？

在学生阶段谈恋爱，最后成功牵手步入婚姻殿堂的很少，大部分毕业便分手了，抑或后来又发现对方并非自己喜欢的类型而分手了。更多的同学则是因为这"该死的爱"弄得两人学习成绩下降都没考上大学，或者读了很一般的学校。感情的打击严重影响了今后的学习，影响了未来的发展，甚至到了影响未来命运的地步。我之所以说得这么沉重，是我遇见过太多这样的例子，原本学习名列前茅的男生女生，结果以落榜收场；到了大学又受环境的影响，感情也一波三折，最后也多以分手收场，未来的就业也是多番波折。

谈到"恋爱"，更多的是离不开亲密关系，在很多同学眼中，亲密关系是神秘又让人向往的。当老师、父母没有给你讲过相关知识时，你的好奇心驱使着你通过其他手段去了解，于是，有些同学，更多的是男生，去看不健康的书籍、录像、浏览低俗网站，而看的结果反而是越发的迷恋和向往，结果有人开始越界偷吃禁果。

当爱变成了一种沉甸甸的负担，当爱变成了一种伤害，你还愿意爱吗？

你们又是否知道什么是爱,难道仅仅是为了排解学习、生活、家庭带来的压力和孤独吗?

我比较喜欢给"爱"这样的定义:促进自我和他人心智成熟,具有一种自我完善的意愿。真正的爱,是爱自己,也爱他人。

网络背后伤人的"爱"

曾几何时,网络成了很多人谈情说爱的工具,于是一场前无古人的"网络恋爱潮"便产生了。

虚拟的网络世界,给了你不一样的感觉。也许现实生活中的你是一个"青蛙",但是到了网络中你可以成为"王子";也许现实生活中的你不敢说话、畏畏缩缩,但是到了网络中你可以变成另外一个人。于是,你惊喜地发现,在这个虚拟的网络世界中,几乎是没有任何限制的,它可以让你充分展现自我,它可以让你尽情宣泄,它可以让你忘乎所以,它可以让你"为所欲为"。它是"安全"的!它可以让你说平时不敢说的话,它可以让你做平时不敢做的事,它可以让你扮演平时不敢扮演的角色!它是"自由"的!让你感觉就好像束缚了很久,突然就被解开了绳索;又好像压抑了很久的心灵突然得到了释放!

网络给了你一个平台,虚拟世界让你找到了一份寄托,网络中的恋爱给了你前所未有的冲击!

但是,看看网恋的可怕症状吧:

"一旦网恋,时间是永远不够的;一旦网恋,精神是永远恍惚的;一旦网恋,肚子是永远空空的;一旦网恋,现实忽然变得遥远。"

"网恋的人,会生一种病,叫相思烦躁紧张症,每天一到那个被约定的时间却始终见不到人的时候,他们就会得那种病。他们会非常失落,烦躁得甚至觉得没有他/她的一切都是苍白的,索然无味的。想他/她,深深地,刻骨铭心地想。"

更可怕的是当你在网络上陷入"热恋"后,还疯狂地将这份"恋情"搬到现实生活中,于是有了轰轰烈烈千里见网友的事情。当网恋走入现实,最让人讨厌的事情有:

见光死:在网络上以为对方风度翩翩或者是如花似玉,见面了才发现对方獐头鼠目或是像只恐龙。

拐骗:发现对方对什么感兴趣,马上投其所好刻意伪装,温情脉脉、信誓旦旦把别人骗到身边来。

有人这么描述这些"精心设计"的网恋——"我和你的相遇,与其说是缘分,不如说是蓄意;我的话与其说是缠绵,不如说是耍痞。这就是网络恋情!"

你可以从网上搜到太多网恋的悲惨结局,幸福却是少之又少的。当网恋成了一种伤痛,你该何去何从?

爱的另一面也是爱

爱一个人，绝不是让他/她困扰，让他/她受到伤害，可是很多人的行为却与初心背道而驰，为此我给大家六条建议。

第一条建议：努力控制自己的冲动，提升自律能力。爱情是可以延迟和等待的，你需要学会推迟满足感，需要学会承担责任。

推迟满足感，不贪图眼前暂时的享乐，重新安排做事的顺序，先直面问题感受痛苦，再去解决问题感受更大的快乐，也即"先吃苦，后享乐"。譬如，在幼儿园里，有的游戏需要孩子们轮流参与，如果一个5岁的男孩多些耐心，暂且让同伴先玩游戏，而自己等到最后，就可以享受到更多的乐趣，他可以在无人催促的情况下，玩到尽兴方休。

在成长过程中出现的一个个问题，我建议你先正视它们；忽视问题的存在，则反映了你不愿意推迟满足感的心理。直面问题会使人感到痛苦，可是忽略问题，问题并不会消失；若不解决，问题就会永远存在，甚至变成越来越大的问题，这也是为什么你感到某些科目太难学的原因。

学会承担责任。当你选择了两个人交往，就意味着你要负起你的责任，因为爱既是让你爱自己，又要你爱别人，你有责任让对方没有困扰，让对方幸福。现在的问题是，选择了恋爱却成了两个人的困扰，更严重的是偷吃禁果带来的痛苦。所以，请勇敢地说出——"这是我的问题，还是由我来解决！"很多同学对于情感所带来的问题选择了逃避，他们宁愿这样自我安慰："出现这个问题，并不是我的原因，她/他也有责任，都是意外，都是父母和老师不理解我们，这绝不是我的责任！"不要放弃自己的责任，鼓起勇气去帮助她/他，一起解决问题吧。

第二条建议：你可以选择你的行为。你可以决定看什么和听什么（不看描述人们发生亲密关系的电视、电影、小说，不听那些鼓励发生关系的话，不听那些放纵自己的同学的话），远离有诱惑的环境（不去网吧、不去酒吧），多与同学接触，互相帮助互相进步，培养宝贵的友情。

第三条建议：把自己的时间安排得更充实些。你不是没有事情做，相反你有很多事情要处理，青春期的你本就喜欢"瞎想"，不要给自己过多"闲暇"的时间，把时间用在学习和进步上。

第四条建议：假如你正处于恋爱中，希望你能坚守自己的底线，不要逾越，做一个她/他可以信赖的人。其实，你应该庆幸，你找到了分享你的快乐和痛苦的知己，同样你也需要分担她/他的，两个人一起共同处理好学习问题，共同处理好班级友情问题，共同进步。

第五条建议：假如你对性知识有强烈的好奇，想知道性教育的知识，请不要去看不健康的影视和小说，你可以购买优质的科普书籍。这件事我希望你可以跟父母谈谈，他们也并非"顽固不化"的人，听听他们对爱和性的认识。

第六条建议：对于恋爱请多一些自省。你可以思考下边表格中的问题：

工具四：情感自省表

1. 你期望从恋爱中获得什么？

2. 你是否以女朋友或男朋友为生活中心？你的学习、生活状态变形了吗？

3. 你想和对方建立什么样的关系？（双赢、他赢我输、他输我赢、双输）

4. 如何建立这样的关系？

5. 恋爱时遇到的问题有哪些，最严重的是？

6. 你觉得对方对于这些问题的困扰是？

7. 你觉得自己的困扰是？

8. 你觉得对方会采取的解决方法是？

9. 你会选择什么样的解决方法？

10. 你觉得做什么会消除对方的困扰？

11. 你能给对方什么承诺吗？

12. 你觉得你们的未来会是什么样的？

13. 你觉得现在你们最应该做什么？

14. 你和她/他会怎么做最应该做的事情，打算采取哪些行动？

希望你能记住，爱的另一面也是爱，莫让喜欢成为一种伤害。爱她/他是给她/他幸福，而在学校最大的幸福是好好学习，拥有更多的友情，让父母也少些担忧。所有人能给予你的仅仅是引导和帮助，并不能替你承担责任，真正负责任的是你自己。

在面临选择时，总有一团迷雾围绕着。

当你陷入困境时，如同在谷底，
只要向上走，哪个方向都是走出去的路

Part four

面向未来，如何提升人际交往能力？

很多问题背后，都隐藏着进步的契机，既然我们无法回避在学习和生活中与同学、朋友、老师、父母的关系问题，那就进一步思考如何获得更好的人际关系！

事实上，你真的了解人际交往吗？你可能都没有认真思考过这个问题，与人玩耍交朋友可能是出于本能，但如何识别一个人、如何更好地交朋友，你恐怕没有思考过。

成长离不开与他人的沟通和交往，那么该如何提升自己的人际交往能力？

第一章

重新认识人际交往

【对话和博士】

能言善道的我为什么处不好关系？

和博士，我最近遇到了很多人际交往的问题。我性子比较急，容易冲动，看到不对的事情直接就说了出来。我虽然是好心，可是经常让别人感觉不舒服。我也知道人际交往特别重要，可人与人的交往难道不是只要真心诚意就行吗？我不喜欢一些处事太圆滑、只做表面功夫的做法。我觉得自己的沟通能力挺好的，我也挺爱说话，按理说应该和周围人相处得很好，为什么他们却总说我不会人际交往呢？

人际交往到底是什么呢？和博士，您可以为我解惑吗？

从情商角度认识人际交往

在前几章,我们一起分析了成长中逃不开的人际问题;在这一部分,我想和大家深度探讨人际交往的话题,帮大家走出人际关系的误区,从表象看到实质,以更好地成长。

首先,你可以尝试着在下表中写写你的看法,然后,再与我接下来分享的内容对照,这样有助于你更好地理解人际交往。

表 4-1　人际交往认知表
认知 1:
认知 2:
认知 3:
认知 4:
认知 5:
认知 6:

恐怕在大部分人心中,一个人的人际交往能力强指的是他的沟通能力比较强,相对外向,会来事儿,人缘好;也有一部分人觉得人际交往就是表面做得好,懂得察言观色,甚至谄媚讨好,过于圆滑。在中小学

阶段与他人相处，人与人之间相对单纯，并不需要刻意讨好谁，也不是非要赢得谁的好感，大家不要彼此妨碍就好。

很多人对于人际交往的认知比较模糊，如果一个人善于处理人际之间的关系，可能就经常会听到父母或老师说这个人情商比较高，但情商又是指什么呢？被称为"情商之父"的哈佛大学心理学博士丹尼尔·戈尔曼，将"情商"这个词在大众领域普及开来。他认为，情商简单来讲就是如何认识自己，发挥自己真正的能力；如何激励自己，不向失败低头；如何克制欲望，获取更大的收获；如何调动积极情绪，避免因沮丧而影响自己的能力；如何设身处地、从他人的角度考虑问题，从而更好地与人相处。在《情商》一书中，他将情商分为五种能力：了解自己情绪的能力（即自我认知的能力）、控制自己情绪的能力（即自我控制能力）、自我激励的能力、认识他人情绪的能力和处理人际关系的能力。

自 2009 年起，我在对情商的研究上投入了很大的精力，想找到更好的能帮助大家成长的因素，这些研究也是本书的基础。我对情商做了简化，即一个核心、两种能力和四个方面——"一"生"二"，"二"生"四"。"一个核心"指的是"自己是一切的根源"，"两种能力"指的是个人能力和社会能力，"四个方面"指的是自我意识、自我管理、群体意识和人际关系管理。

"一"生"二"，是指我们成长进步就必须具备一些能力（个人能力和社会能力），因为我们必须生活在社会中，需要和人打交道，就需要在社会上的生存能力；"二"生"四"，指的是个人能力和社会能力又分别包含了两个方面——个人能力包含自我意识和自我管理；社会能力包含群体意识和人际关系管理。

情商的四个方面又对应着四种能力：认识自我的能力、管理自我的能力、认识他人的能力和管理人际关系的能力，前两种能力旨在让你了解自己、发展自己，后两种能力旨在让你了解他人、学习与人相处、学会与人合作，进而从社会大环境中让自己进步。这四种技能都围绕着一个核心，那就是"自己"——自己认识自己、自己认识别人、自己管理自己、自己如何与别人相处，这些能力可以帮我们应对成长中的很多问题。

认识自我的能力：准确感知自己当前的情绪，了解自己的真实情况，能正确地评价自己，明确了解自己行为的原因。面对自己的真实情况，有时我们可能会感到不安甚至痛苦，这就需要我们有勇气和耐心，很多问题背后都隐藏了一个更为真实的自己。

管理自我的能力：当事情发生时，我们能够控制自己行为的能力，看透事情而不被事情击垮。控制、激励自己并不是那么简单，最大的挑战在于控制自己习惯的行为倾向。情绪的存在一定有目的，每一类问题的背后都隐藏着我们的情绪，问题的解决在一定程度上就是自己管理自己的过程。

认识他人的能力：认识别人的情绪、别人的情况、别人的感受。我们经常站在自身看问题，而忘记站在他人的角度思考。这个世界并不只是我或你一个人的世界，我们同样有朋友、家人、老师，同样需要和别人交流，这种能力对我们将来走向社会很有帮助。

管理人际关系的能力：让人与自己相处时感到舒服、轻松、快乐和热情，与他人建立良好的关系，让自己不是生活在孤岛中，让自己受欢迎。大多数人都希望得到别人的关注，在与他人的沟通中，我们也负责了"半边天"，与人相处，就像我们面对镜子，当我们对着镜子笑，镜中人也会对你笑。

认识自己，发现自己，挖掘自己，激励自己，克服困难，控制情绪；认识别人，激励别人，帮助别人，关爱别人，友好共存，共同进步，实现价值。这浓缩了人的一生，是我们追求奋斗和实现自己的过程，也是我通过情商思考想向你传递的核心。

一个人学习好，我们会说他聪明、智商高，因为大部分人认为学习与智商相关。智商是一种表示人的智力高低的数量指标，它反映了人的观察力、记忆力、思维力、想象力、创造力以及分析问题和解决问题的能力，可以通过一系列标准测试测量出不同年龄段的得分，实际上绝大部分人的智商水平差距不大。

很长一段时间，大家普遍都觉得智商决定了一个人的学习水平。直到后来，有科学家和心理学家发现，现实生活中对我们影响最大的并不一定是智商，从而提出了情商概念，重点研究情绪智力对一个人的影响，而且对绝大部分人来说，对我们影响最大的恰恰是情绪智力（情商），特别是丹尼尔·戈尔曼提到的学习能力，它包含了自制、热忱、坚持，以及自我驱动、自我鞭策的能力，这些正是我们在学校获得学习成功的基础和关键。

大家的智商水平差距不大，造成差距的关键是情商所涉及的因素，这也是我希望引起大家重视的地方。从结果看，识别他人的情绪，处理好人与人之间的关系，为我们的成长进步创造了更好的外界环境；再进一步看，我们的成长是为了让自己能够创造价值，成为值得信任的人，成为有影响力的人，而良好的人际关系是实现这些的重要基础！

与他人相比，自己感到如此的渺小，内心痛苦！

良好的关系具备哪些特点？

要想建立良好稳固的人际关系，就需要知道好的关系具备什么特点，由于学校和家庭的人际关系相对简单，我们可以从优秀团队的人际关系中找到一些答案。与他人建立牢固的关系，具备了五个特点：

第一个特点：尊重。良好的人际交往从尊重开始，知道他人的价值所在，并尊重他人的价值，同时，亦让自己获得尊重。特别值得一提的是，困境之中可能更容易赢得尊重。

第二个特点：共同体验。我们不太可能与不了解的人建立深度关系，良好的人际交往要求有长期的共同体验，尤其是共同经历过一些事情，一同解决过一些问题，同甘共苦过。

第三个特点：信任。它是所有良好人际关系的基本要素，没有信任，任何人际交往都是空中楼阁。

第四个特点：互惠。如果关系是单方面的，总是一方付出，另一方接受，这种关系终将破裂。优秀团队中良好的人际关系，是彼此关心，有予有求，每个人在付出的同时能够受益，最终形成的是一种双赢局面。

第五个特点：相互愉悦。人际关系密切牢固，人与人之间会相互愉悦，即使做不愉快的工作也能成为积极的体验。

虽然上述特点是从优秀团队中总结出来的，但同样适用我们在学校的班集体中，如果同学之间人际关系良好稳定，也势必要求彼此相互尊重、互相信任、互帮互助、能够双赢，为了班级共同利益也为了更好的未来，大家能够共同努力奋斗，能够很开心愉悦地在一个班级中学习。

不要方便了自己，妨碍了他人

第二章

如何提升与他人交往的能力?

【对话和博士】

怎么拒绝别人才能被接受?

和博士,我特别难受,为什么他们(同学或朋友)不能理解我?很多时候我只是把我的实际情况说出来,可是他们就是不接受,还讽刺我。我很少拒绝别人,可是有一次,我是真的有事情不能和他们一起出去玩,结果他们说我就是故意不想和他们出去。和博士,我希望别人能够理解我,可是我不知道如何做才好。他们说我不会跟人交往,那我该如何提高自己的人际交往能力呢?

为什么我们不能理解别人？

要想提高人际交往能力，就必须学会理解别人！

要想在谈话中说服别人，最大的错误就是把表达自己的观点和感情视为高于一切。大多数人真正需要的是聆听、尊重和理解。一旦一个人看到自己被理解，他们就更有积极性去理解你的观点。如果你能学会理解他人，了解他们怎么想、他们感受如何、什么在激励他们，甚至在一定时候他们会怎样行动和做出反应，你就能以积极的方式推动和影响他们。

然而，现实生活中很多问题都是因为对他人缺乏理解引起的。为什么不能理解别人？首先，我们总是以自我为中心，虽然不是有意为之，只是人的本性首先是考虑自己的利益；其次，我们无法欣赏差异，总是戴着自己的眼镜看别人；最后，无法推己及人，缺乏同理心。克服自我为中心，增进对他人的理解，我们可以试着从别人的角度或观点看问题，承认并尊重每个人的独特之处，学会欣赏差异。你想想看如果自己不具备这个能力，而别人具备，这不就可以向别人学习获得进步了嘛。

我们都曾有过梦想，渴望着实现梦想时的那种引人注目，我们也都希望别人尊敬自己、看重自己。当我们牢记"人人都希望成为重要人物"，并且把这当成日常思考的一部分时，我们将获得不可思议的洞察力，就会明白别人为什么要做他们在做的事情，也更能够理解他们。

你可以好好思考下边的文字，它可以提示我们在与人相处时，我们应当优先考虑什么。

最不重要的一个字："我。"

最重要的一个词："我们。"

最重要的两个字："谢谢。"

最重要的三个字："理解吧。"

最重要的四个字："你认为呢？"

最重要的五个字："你做得很好。"

最重要的六个字："我想更理解你。"

提升人际交往能力的步骤

在学校阶段，我们往往忽视了社交能力，觉得在一个班里是同学，自然而然就形成了关系，不太需要刻意进行人际交往。不仅如此，似乎在学生阶段，我们很少在意这种能力，很多人认为这种能力到了社会才需要培养，这种想法几乎会持续到大学！从现在开始，我们要积极提升自己的人际交往能力，主动建立良好的人际关系，尤其是那些你觉得难相处的人，那么你尝试过怎样沟通吗？我们不妨遵循以下步骤：

首先，主动建立联系。这是最基本的要求，你可以在细节上做小小的努力，采用一些很简单、很基本的示好做法：

目光接触

真诚地微笑

别人请你帮忙时要帮

友好地打招呼

表现你对他人的贴心考虑

保持友好、礼貌的姿态

做评论或问问题时，要表明你的兴趣，但不能太突兀

不管对别人是友好还是敬而远之的态度，要保持前后一致

不要用虚伪的笑容、突兀的反应、难听的语调，否则会让你们的人

际关系走向错误的方向，以后想建立良好的关系，就难了。

其次，真正关心他人。 通常来说，我们认可的是和自己有类似价值观和观念的人，如果不同，可能会让人不安，因为它意味着做事或做人的方式就不止一种。真正地关心别人，我们就要接受别人更多的不同点，学会在他人的不同之中发现有意思的地方，看到多样性的价值。当你改变思考或观察角度后，你会发现这样的好处：

会觉得周围的世界更有意思

不再觉得无聊，会有更丰富的人生阅历

和陌生人相处时，会感觉更自在

别人在我们周围也会觉得更自在

我们会更理解周围的世界和别人的动机

可以更好地处理涉及其他人的任何场景

再次，有技巧地聆听。 建立良好的人际关系需要学会聆听的技巧，如果我们有良好的聆听技巧，讲话的人会感到很自在，更愿意信任聆听的人，可以更轻松地表达自己想要表达的看法。你可以从以下方面加强你的聆听技巧：

恰当的肢体语言，比如身体稍稍前倾，头稍微往一边倾斜，间歇性地点头表示你在听所讲的内容，要和讲话人有眼神交流。

让人讲完话。不要打断讲话人，让人把自己的观点表达完整。假如要打断发言，可以利用暂停或讲话人调整呼吸的时间；如果必须要打断讲话人，你得考虑别人的感受；如果必须打断讲话人，也要为自己打断讲话道歉，有礼貌地说明自己打断讲话的原因，而且建议要提及对方刚刚讲到的内容，哪怕只是简单带过，然后再离开。

注意你的情绪。不要带着某种情绪，无论何时只要听到别人讲话时自己情绪不稳定，马上检讨一下自己的情绪，尤其当你的反应可能超出当时情况允许的程度时。

当场确定对方的需要，把意思问清楚，是否有隐含的意思。讲话人表面讲的可能不是实际想表达的，如果你觉得可以说，就直接表达你认为自己接收到的信息，比如别人说"我很好！"你可能认为"你看起来特别生气。"如果讲话人不能很好地表达自己的意思时，你可能会误会讲话人的意思，这时候一定要问清楚讲话人，把自己理解的意思总结一下。

弄清楚细节。比如问问题，把细节搞清楚，表明你的兴趣；如果有些地方不清楚，直接指出来，说自己没弄懂，让讲话人重述一遍；要把你不懂的地方表达清楚，因为你困惑的地方也可能是讲话人自身没有搞清楚，说出问题可能会帮助讲话人理清他的思路。

留下空白时间，不要马上下结论。不要总是一直讲话，留一点空白时间，让别人有机会提出自己的看法、有反思的时间，让大家有时间思考自己的看法，有时间调节好自己的感受和情感，甚至提供了非语言交流的机会。

最后，培养互信，建立合作。关于培养互信，赢得信任，我会在下一部分详细讲解。信任需要长时间建立，而破坏信任却很容易；要赢得别人信任，就需要我们实实在在的行动。我们大多数人不善于反思复盘，在这里我给大家提供一个反思表（表4-2），当你丧失对他人的信任或别人丧失对你的信任时，可以利用反思表回答这些问题。

表 4-2　对他人丧失信任的反思表

问题	思考
发生了什么事情？	
出现了什么结果？	
丧失信任让你有何感受？	
丧失信任后，你对这个人的行为受到了什么影响？	
那人需要做什么，才能重新赢得你的信任？	
什么样的行为会破坏信任？	
你做了什么事情影响了别人对你的信任，发生了什么？	
出现了什么结果？	
你心里是什么感受？	
这之后你和对方的关系受到了什么影响？	
你过去做了什么/现在需要做什么，才能恢复对方对你的信任？	
这样的经历让你对信任有了什么新的认识？	
怎样的行为会破坏信任？	

培养信任，你可以尝试做到这些：

对自己能做和不能做的事情一清二楚

说到做到

不要泄露私密信息

行为前后保持一致

可靠，承担自己的责任

守时，不迟到

关于这部分更详细的内容，可在后文中继续探讨。

亲和力　　　眼睛大

刻苦　　　幽默

你也有自己的优点，
只是没有看到。

如何建设性批评和接受批评？

在我们成长中，少不了提建议，甚至给予批评，但很多人不会批评，有时候就会取得相反的效果。批评并不是为了指出"哪里错了"，而是给予正确的反馈，弄清楚什么是好的、坏的和让人满意的，以及如何改进出现的问题。

太过直白地反馈意见很容易伤害别人，也不见得有效。建设性地批评是一种真实且巧妙的反馈，目的是让人看清楚自己可以如何改善行为，或者以新的方式看待自己的学习或工作，并且包含了如何改进的建议。

我们先看看糟糕的反馈，它往往包含了过多的评论和批评，容易让对方不快，不愿意听下去；或者模糊不清，没有说清楚问题和细节；也可能是让人泄气的评论，比如"你这就是胡扯！""你本来可以做得更好"；过于负面，让人觉得自己的努力没有得到承认，就会忽略听到的反馈。

良好的反馈体现在这些方面：

合适时机，等到让你表达看法时才发言；

认可别人的努力；

深入了解情况，可以在提出反馈前，确保已经了解事情的大概、目的和要求；

反馈要清楚而真实，但不能太直白或伤人；

说清楚对方哪里做得对，这样以后他们就可以坚持这些对的做法；

说明哪些方面已经得到了改进；

说明几个可以实现的进步目标；

针对需要做的事情，给出具体的例子，比如"我觉得，如果可以……看起来会更好""这个地方做得很好，这个地方如果……会更好"。

有时候，我们也可以通过提一些具有建设性的问题作为回应，更深入地交流，便于我们了解别人。通过这种方式本身也会促进别人做更深入的思考，比如：

你觉得哪些地方做得不错？

下次你会不会在某些方面采取不同的做法？

你当时这么做，是受了什么激励？

你觉得这种做法有效果吗？

这个做法有些不同寻常，我想知道你为什么会这样做？

你有任何关于如何使用它的建议吗？

对于提建议或批评别人，我们很容易做到，但是否接受别人对我们的批评呢？要知道并不是每个人都擅长提出批评的。对于别人的批评，我们可以这样对待：

仔细思考所有的批评，即使批评很难让人接受也要思考它；

在别人的话中找出真实的部分，如果你肯花时间进行思考，会更容易发现哪些话是真的；

不管是积极的还是消极的反馈，都要听，不要只听消极的反馈；

审视自己是否听明白对方的话，因为我们很容易在话不中听时，产生误听；

认可反馈意见，因为别人给你提出建议，可能是下了很大决心；

说声谢谢；

再想一想你听到的话到底是什么意思，你可以采取哪些行动，改善自己的表现？

提升人际交往能力，建设良好的人际关系，既能提出建设性批评，又能接受别人给予自己的批评。积极的批评背后体现的都是关心，都是希望彼此变得更好。

如何变得有主见？

当你按照计划准备写作业时，同学约你出去玩，这时的你是改变计划和同学出去玩儿，还是按照原计划进行？有些人是不是遇到事总是请别人拿主意？你身边是不是也有不少遇事犹豫不决的人？

关于主见，我们可以从两个层面思考：一个是有主意，另一个是能坚持主意。如果一个人拿不出主意或者解决办法，这个可能跟能力有关系，但在人际交往中，很多人往往是有主意却不能坚持自己的主见，这也是接下来我与大家探讨的话题——如何坚持主见。

在我看来，有主见意味着要在尊重双方的权利基础上，寻找适合双方的解决办法，并敢于坚持自己的观点！有主见要注意以下这几点：

首先，要尊重自己和他人的权利。 我们可以看一些与"主见"相关的权利，比如说"不"，认为自己的需求重要，尊重自己，决定自己关注的重点，在不伤害他人情况下表达自己的感受，毫不愧疚地坚持自己的主见，询问自己需要了解的内容，去爱，去思考，要求公平和正义，表达自己的看法，等等。权利不见得普遍适用，也不一定遵守同样的规则，这与个人有关。

其次，尊重自己和他人的需求。 有权利并不一定是合理的、正确的，比如有表达看法的权利，但这种表达不能侮辱或伤害别人，你需要考虑给自己和别人带来的后果。所以在坚持主见时，我们需要：

看到全局，这个全局包括我们自己；

清楚自己的观点；

认识到自己的需求和利益，也认识到别人的需求和利益；

本着实际的原则，衡量在这种情形下维护自己的权益是否恰当；

再次，向他人清楚、直接地表达。冷静、清楚和直接地表达自己的需求，这是既尊重自己又尊重他人的体现。

别人知道了你的立场后，就可以做出恰当的反应，你也可以看清楚别人的立场。所以有主见，并不包括这些：

咄咄逼人，愤怒；逼迫他人按照你的想法做事；带有攻击性的肢体语言。你有生气的权利，但是不能因此而逼迫别人；

操纵，设计心理诡计让别人按照你希望的方式做事；

消极，对自己的需求和利益只字不提，做个"牺牲者"；你想发言或需要你发言的时候你保持沉默，自己仿佛没有存在感。这些行为会令人反感，因为这意味着别人要对你的需求负责任；

假装被动地咄咄逼人，清楚地表明了自己已经生气了，但表面上还表现得很被动；比如说"我不在乎""随便""你想做什么就做吧"时，却通过表情、肢体语言或语调来表达愤怒，这会让别人很不自在，会让情况变得更复杂且难以解决。

最后，为自己的行为负责。既然我们坚持主见，就需要为自己的行为负责。

如果你想锻炼自己坚持主见的能力，你可以结合某些场景尝试下面的方法：

第1步：找出阻碍坚持主见的因素。比如，害怕失败，害怕他人的反应，不想伤害别人的感受，不符合我的作风等。可以使用以下表格：

表 4-3　阻碍坚持主见的因素列表	
阻碍 1	
阻碍 2	
阻碍 3	
阻碍 4	
阻碍 5	
阻碍 6	

第2步：把自己考虑进去。明白各方面的利益，要保证考虑了自己的在内。因为有些同学是消极应对，可能会觉得没有权利考虑自己。想想自己处于整个局面的哪个部分，是边缘地带、中间地带还是核心地带，比如被动的人可能会觉得处于边缘是有礼貌、善良、不自私的表现，而咄咄逼人的人则可能把自己处于核心地带，所以当你意识到自己的问题时，尽可能做到合适而不偏向两个极端。

第3步：以"我……"做陈述。陈述事情时，要用"我想要……""我需要……""我要为……负责"这样的句子，不要把自己的需求说成大家的，比如"每个人都需要……""我们都需要……""每个人都必须……"，让自己变得有主见，我们需要练习这样的陈述转换，可以参考下表的转换方式：

表 4-4　有主见的陈述方式转换表

情形	"我……"的表述
你想要什么？	我想要……
你需要什么？	我需要……
你有何感受？	我觉得……
涉及哪些权利？	我有权利……
你要担负哪些责任？	我要为……负责任
我的行为	我会（做）……

第 4 步：选择恰当的时机，说明情况和期望的改变。恰当时机并非是完美时刻，而是你认为可能的最佳时机，同时清楚你需要多长时间，以保证别人能腾出时间单独和你交流。如果我们告诉别人自己接受不了他们的某种行为，就要为自己的这种做法承担责任，要冷静告诉别人，不要像是在责怪对方；说清楚是什么行为让自己接受不了，说清楚你想要什么，并为自己在事件里的行为、感受和反应承担相应的责任。

比如，要说"每天早上我跟你打招呼，你都没有反应，我觉得自己很受伤。我希望你能够跟我说'早上好'。"而不是说"你每天早上都很没礼貌，你这样的行为让我很生气，影响我一天的心情。"

第 5 步：使用主动的语言结构。尽量避免使用"不""不是"，要说到位表明我要做；不随便使用"试一试"这样的话，因为这意味着过程艰难或可能会失败；也不要使用限定词，比如"一些""可能""有点""非常"。

表 4-5　主动的语言结构

主动的语言结构	不要说
我要让别人带我一程	我会试一试,看看能不能让别人带我一程
我有资格得到这个回报	我真的觉得,我应该拿自己应得的部分
我希望不再听到这样的闲言碎语	这样的闲言碎语少一些,我觉得会好很多
我会完成比赛	我打算尽力去完成比赛
我想少说两句	我从来都没有机会表达自己的看法
能不能请你帮我一起抬下这个东西?	我自己抬不动这个东西,你可以帮我
我生气了,还很郁闷	我尽量不在这里大发雷霆!

第 6 步：咨询他人的意见。说清楚自己的问题后,要看看这个问题有没有其他的观点,问问别人看他们怎么看待这个情况,有什么看法。注意要让别人看到,你是真心想听取他们的意见,同时在别人表达时,不要打断。

第 7 步：承认感受。在家里你有没有遇到过这种情况:爸爸妈妈说"我不生气! 我不生气!"但实际上已经很生气快要爆发了。我们常常不愿意承认自己真实的感受,这会让问题更难解决。注意千万别让自己的感受影响到周围的人。你有权利感到生气,但是没有权利逼别人跟你有同样的感受。虽然讨论自己的感受会让人很不舒服,甚至难为情,但是这种讨论往往会有很好的收获。

第 8 步：提出和征求建议。在人际方面有主见指的是能够找出最适合双方的解决办法,提出建设性意见,指出对双方都有的好处;双方能够协商,征求意见。

第9步：厘清达成的共识。确保双方对达成共识的细节已经达成一致，避免以后出现争议，并且以书面的形式写下来，既有助于再次注意细节，又有利于约束督促。在学校的人际交往中一般用不到书面记录，但是在一些重要事情上，或者你为了显示自己更重视更专业，那就用文字形式更好些。

让自己变得有主见，需要时间去改变自己的思维和习惯，大家也可以寻求值得信赖的老师或朋友的帮助，勤反思总结，相信你一定会越来越有主见，更容易赢得他人的好感和信任。

如何与难相处的人打交道？

说实话，每个人都有难相处的时候，而且不少人身边都有令人讨厌的家伙，经常令大家难以忍受。虽然这个人很难相处，但是换个角度想想，在一些情况下，他是不是也会很理性？如果不能远离，我们还是需要找到一些办法，让自己的日子过得舒适些。

对于你觉得难相处的人，你是否思考过这些问题：

其他人也觉得这个人难相处吗？

哪些人和这个人关系处得最好？这些人是怎么做到的？

难相处的人身上有什么特点让你看不惯呢？

难相处的人身上有什么特点让你很难冷静不愿意合理地做出反应呢？

你做什么会让你们的相处更糟糕？如果可以，你能做些什么会让你们的相处变得轻松一点？

如果一个人只是看上去难相处，但你不需要和他有交集，那还好，但是大多数时候，他们会影响到我们。绝大部分同学只是觉得不舒服，但没有真正复盘这种影响，只能被动接受或应对。关于复盘这种影响，我给你一些建议，你可以试试思考这些问题并写出来。

你当时有什么感受？

这件事对你产生了什么影响？比如，你觉得很难专心学习，无法保持冷静？

你向别人讲述过这件事吗？讲的次数多吗？花了多长时间？是抱怨吗？如果这些时间没有用来讲述，你可以做其他什么事情呢？

想想是不是事情发生时或发生后，你还可以采取一些不同的反应，让这件事对你的影响没有那么大？

如果改变和这个人的相处方式，你最想获得什么结果？

如果逃不脱，应对难相处的人固然需要我们花时间和心思，但是不要因此而浪费大量时间，我们应该控制好他们对我们产生的影响！更好地应对难相处的人，控制对我们的影响，我们可以从这些方面着手：

只认行为。与人相处，对事不对人！想到某个人的时候，刻意只关注他的行为，比如"他的行为让我生气"而不是"他太让我生气了！"对事不对人，会让我们和这个人相处的时候容易些。

找出刺激源。列出让你愤怒或影响到你的行为，比如，老打断你的学习？不让你表达观点？总插嘴？把问题写出来，这个动作本身就可以缓解你的情绪。

找出难相处的人行为积极的一面。再不好的人身上也有一些优点的，找出难相处的人身上你欣赏的优点。虽然他们的行为可能让你不舒服，但可以看看这种行为积极的一面，比如他们这么做的动机是为了引起关注，想取悦谁等。

考虑难相处的人的需求。每种行为背后都潜藏着动机，我们可以思考他们背后的动机是什么，诸如，获得注意，获取关注，得到尊重，让别人认为他们很聪明……如果我们在一定程度上满足了他们的需求，他们可能也会更好相处。

认可难相处的人。如果人的需求没有被满足，就可能会有不理智的行为，尤其是在学生阶段；我们可以认真听他们表达的内容，让他们知道你听明白了。比如，当他们情绪低落时，你可以说"我看到你不太高兴"；当他们生气时，你可以说"我看到你在生气"；当他们想要被注意时，你可以说"这个点子不错"，先理解对方，然后再进一步交流。

认清难相处的人的需求。问清楚他们想要什么，并且把他们提出的要求重复一遍，让他们知道你在听而且听得很清楚；考虑他们的要求是否可以满足，让他们知道你可以满足哪些需求；如果你提出的建议被拒绝，也要保持冷静，再重复一遍你可以满足的需求。

承认你自身的感受。你需要认识到自己的感受，生气？不开心？被惹恼？暴怒？感到愧疚？你把自己情绪控制得如何？是否需要冷静下来？表达出你真实的感受，让他人看清楚。

用清楚简洁的话，陈述不可争辩的事实。不去发起难分对错的争吵，而是关注事实，比如"这只是个讲座，现在不可能把问题解决了"；要着眼于眼前的情况，不要纠结于过去发生的事情，我们容易拿过去的事情再加重眼前的事；表达的时候说简单点，如果没必要，不去争论细节内容，说清楚需要什么。

提出积极的解决办法。不论如何，我们可以从积极方向思考，保持积极的视角，寻求可以接受的解决方案，提出走出僵局的建议，并且说明这个方案的好处。有时候即便是你觉得应该是对方主动求和，你仍然愿意进行沟通，让双方达成一致，甚至做出部分妥协；在这种情况下，把达成的共识尽可能记录下来，有个见证。

帮他们找到目标。如果班级里有同学难相处，他们可能不太清楚大家对他们的期望，或者说没有找到在班级里的目标，我们可以让他们也参与到集体建设中，帮他们厘清目标，让他们对任务感兴趣，获得班级的归属感。

虽然不希望，但有时候我们无论做什么，也不会改变那些难相处的人的看法，他们甚至会觉得自己很有理；这时候我们一定要克制自己的情绪，不要在对方或自己冲动时去交流，而是等情绪稳定后，再去表达自己的看法。如果他们把你当作出气筒，你也不必逆来顺受。值得提醒的是，当别人把情绪发泄到你身上时，你又很容易把其他人当成你的出气筒，所以，一定要警惕什么情况下哪些情绪最容易发泄到别人身上，是什么触发了你这样的反应？想出解决对策，避免自己陷入令人讨厌的境地。

不管是应对难相处的人，还是正常的人际交往，我都希望大家能够有自己的底线，这些底线可以写出来贴在自己看得到的地方，时刻提醒自己，同时，也尽可能让别人知道你的底线。如果彼此都知道了对方的底线，相处也就变得容易了很多。

XX
上课睡觉被老师点名了

XX
上课不听讲被老师点名了

XX被老师批评了

XX是个坏孩子

第三章

如何与人交朋友?

【对话和博士】

内向的人该怎么才能交到朋友呢?

和博士,我有点内向,因为我没有什么优点,所以经常一个人躲在旁边,看着他们(同学或朋友)讲得眉飞色舞。我其实很羡慕,也想成为他们中的一员。我学习成绩只是中等,也很少有同学问我题目。我感觉自己在班上就是个透明人,没什么存在感。

我妈妈告诉我社会很复杂,要懂得保护自己。我特别渴望有朋友,可是我既不知道如何识别人,也不知道怎么跟人交朋友,我该怎么办?

如何识别一个人？

学生的世界相对简单，但依然需要具备识别他人的能力，而且既要学会识别身边人，还要学会识别网络中的人，因为在今天我们已经无法离开网络，而网络中各种声音已经影响了我们，更严重的是有些人会把想象当作事实，把错误当成正确，这很可怕。

在这个阶段，识别人的目的更多是培养自己观察人的能力，一方面识别了解他人既便于给他们提出积极建议帮他们进步，又便于从他们身上学习，帮助自己进步；另一方面也便于我们选择朋友，虽然在同一个班，但并不是每个人都适合成为好朋友。

我们可以通过一个人的言谈、行为举止和生活习惯，了解他是什么样的人。在学生阶段，我们可以从这几个方面了解同学：

方面1：观察个人卫生和仪表形象。如果一个人不讲究个人卫生，头发乱糟糟，抽屉和座位处有不少垃圾，这样的同学可能比较懒惰。

方面2：观察一个人喜欢聊什么，喜欢哪些东西。在学生阶段大家聊天的内容，多数是自己做得多或者在做的，基本上可以体现出一个人的见识面，比如一个人很喜欢玩游戏，聊游戏时可能就会激情四溢。如果你身边的同学天天谈论游戏，这就要小心，要加强自我控制力，不要陷于游戏中了。

方面 3：观察一个人说话和行动是否一致。 有些同学说得特别好，但是缺乏行动力，说一套做一套言行不一致。对于那些只说不做，不去兑现承诺的人，我们要敬而远之。

方面 4：观察一个人处理事情的方式。 有些人对自己好的事儿总是抢先做，需要承担责任的时候又缩在后边，比如在打饭的时候总抢先，可需要打扫卫生的时候就不积极了。人在不同的情绪下，会有不同的表现，自我约束不好的人往往容易受到外界的影响，尤其是在发怒的情况下；另外，有些人遇事儿总是指责他人或推脱给别人，很少从自己身上找问题，对别人和自己双重标准。

方面 5：观察一个人在顺境和逆境中的表现。 顺境时，看他是如何思考未来，如何对待别人，这能够体现出他的心胸和格局；面对问题或困难（逆境）时，看他如何处理问题，是灰心丧气、自暴自弃，还是勇于担当、积极向上。

方面 6：看身边人对他的评价或跟他关系不错的人对他怎么评价。 看看他人对他怎么评价，同时，也看看与他关系好的人怎么评价他，喜欢他哪些方面。

方面 7：通过他在网络中的表现了解他。 今天互联网很发达，我们还可以观察他浏览什么网页，看哪些内容，下载了什么应用，发表过什么评论、文章或者短视频，以及他用什么头像和昵称。通过这些信息进一步了解他。

值得一提的是，我们必须学会识别虚拟网络中的"朋友"。网络时代最大的一个特点就是分享，各种人都在向你分享一些内容，除自娱自乐生活展示，更多的是商业行为，比如在短视频平台中，有无数介绍学习方法和学习经验的内容，各种名头的牛人、"专家"纷纷支招，仿佛学习是很容易的事，可是学习真的那么容易吗？真的有所谓的超级大招吗？我曾经看过某位自主学习力专家，短视频的标题很诱人，各种轻松、各种绝招，比如他有个短视频点赞近 7 万，题目是"数学不补课不刷题稳上 140 分"，多吸引人啊，谁不想轻松获得好成绩呢？

网络中充斥着大量的这种内容，听上去极为诱惑，但是经不起推敲，今天我们要运用逻辑，分析这些话是否严密，是否有谬误，那些充满诱惑、含有大招、教你成功的视频多数是不真实的。

不管是识别身边人，还是网络中的人，孔圣人给我们提供了一个很好的依据——"视其所以，观其所由，察其所安"，就是看一个人做事是凭什么来做的，他做事的出发点是什么，以及最乐于追求的东西是什么，把这些起点、终点和中间的方法弄清楚了，我们就能看清楚他到底是为什么，是什么样的人。

识别一个人不是短时间的事，多了解一些观察方法，关注细节和小事，花更多时间，从更多个维度更细致地观察，看一个人的行为是否有不一致的情况。我们很难百分百了解一个人，很多细节背后也可能有出乎我们意料的原因，所以，我建议大家不要轻易对人产生偏见，多观察别人，不轻易发表评论做出评判。

在你看来的优秀，
在不久的将来，
你自己也会具备。

如何更好地交朋友？

时至今日，纵观我的创业之旅，更多是要感谢我的同学和朋友，尤其是高中和大学的同学和朋友，所以不要小看自己的同学，也许今天他学习不如你好，但不见得他未来会比你差；同时，如果同学之间都能互相帮扶彼此变得更好，未来岂不是都有更有可能？所以，我特别建议大家重视同学之情，因为我们最初的朋友可能都来自同学，也可能成为未来最重要的朋友。

你有没有思考过这两个问题：你选择什么样的人做朋友？你想成为什么样人的朋友？

表 4-6　关于朋友的思考	
你选择什么样的人做朋友？	
你想成为什么样人的朋友？	

两相对比，有什么区别？

如何更好地交朋友？我们先看看这些情况：

情况1：有的人在交朋友时，只看对自己好不好，是否给自己送礼物，能否带自己玩；

情况2：为了维持这些朋友，你不得不改变你的用品、衣着、说话语言、谈论话题甚至标准；

情况3：为了朋友，你正在做一些不太正确的事，比如逃避学习、打游戏、欺负人，甚至更过分的事；

情况4：利用别人让自己获得进步，或者感觉自己被别人利用了；

情况5：同学之间是竞争关系，你好了我的排名就下去了，于是互相防备，提防别人比自己好，只为自己进步着想；

情况6：为了维护朋友关系，你的学习和生活好像失控了。

是不是有点糟糕，这样的朋友绝不是你想要的吧？交朋友是件慎重的事，有句古话：近朱者赤，近墨者黑，在识别人时，我们也会看与他交往的朋友都是什么人。与什么样的人做朋友，对我们的学习和成长影响很大。

关于更好地交朋友，我有几个观点：

观点1：与朋友在一起，你是否变得更好？哪怕是能够让你的情绪和状态向积极的方向转变都行。如果朋友不能让你变得更好，而是变得有点糟糕或更坏，那就得考虑是否继续做朋友。

观点2：与朋友在一起，能够双赢，让自己和他们都获得成长进步；

观点3：构建自己的原则，比如守信、诚实、尊重、责任等，以原则为重心思考问题，做最好的自己；

观点 4：不面面俱到，做好自己就好，友善对待每个人；

观点 5：能原谅朋友的小过错，就像你希望他们原谅你的过错一样。推己及人，我们也会有情绪波动，也可能出小错误，所以，要学会宽容你的朋友；

观点 6：用进步的、发展的眼光和思维方式看待人，不要一生气就和别人断绝来往，也不要因为别人有缺点就否定他的一切，而是要抱着终身成长的态度与人相处。

我们不要轻易给别人"贴标签"，做到"闲谈莫论人非，静坐常思己过"，不要整天讨论别人的事儿，于人于己都不好；一个人待着的时候，多反思自己，看看自己有什么需要纠正的。

想要交到好朋友，还得从自己做起，让自己具备良好的素养，让自己成为一个值得信任的人，别人就会更愿意和我们做朋友，还是那句话，自己是一切的根源！

提升人际交往能力，建立良好的人际关系有助于我们更好地学习和成长。进一步讲，良好人际关系的核心，是赢得信任，成为一个值得自己信任和别人信任的人，而这也是我在本书中向大家传递的信息，也是最渴望你做到的，在下个部分，我将跟大家详细探讨这些内容。

我想成为
职业运动员
别妄想？
那可是万里挑一
画稿
又被退回来？
难道……
我真的不可能成为
漫画家的吗？
我要做个像
和博士那样的人
能有个工作
就行？

Part

five

进一步成长，如何成为值得信任的人？

"我做不到！"面对问题和困惑，很多时候你是不是选择了这句话？你是否经常也会希望同学、朋友、父母或老师给你一次机会，选择相信你，于是你会说"相信我！真的，相信我一次！"为什么不相信自己？又怎样才能让自己被别人相信？你对信任了解多少？面对各种关系，成为自信和值得被信任的人，才是更好的成长！

第一章

你对信任了解多少呢?

【对话和博士】

为什么我最亲近的人不相信我?

和博士,难以想象吧,我最好的朋友居然不相信我!可是我从来没有怀疑过她,有什么好东西也经常分享给她,甚至宁可自己不要。她怎么能不信任我呢?不仅如此,好几次妈妈也说她不相信我,我可是她亲闺女!

我这个人可以吃亏,可是最不能忍受别人的怀疑。何况还是我最亲近的人不信任我!我非常伤心和无措。为什么会这样呢?和博士,我该怎么办?

你知道这样做会降低自信心吗？

你有过这样的经历吗？上了闹钟想在早上 7：00 起床跑步或锻炼，第二天闹钟响了，你却还想多躺一会儿，再躺 10 分钟，结果到了 7：30 还没起床。有同学说，就是因为知道自己不能准时起床，所以，设置提前的闹钟，这样即使赖会儿床，也能起来。

在学习和生活中，我们会无数次遇到类似的情形，比如看小说时，告诉自己再看 10 分钟就休息或学习，结果被吸引住，过了半个小时甚至一个小时还在看。

我儿子上小学四年级，放学后或假期时他经常会到楼下和小伙伴玩耍，每次出门前我都会问他多久回家，和他一起定一个回家时间。起初，他每次都会忘记回家时间，有时甚至超时一个多小时。我对于这样的约定看得很重，只要忘记时间就会对他进行惩罚，久而久之他基本上有了时间意识，能够守时回来，即使偶尔有不准时，也会根据约定提前和家人沟通是否可以晚点回来。

为什么我会注重这些事情呢？

这些事情看似并不大，但我们忽略了一个问题，不断重复一些不能守时或守约的行为会削弱我们的自信心，变得自欺欺人，既然做不到为什么还要告诉自己、告诉别人？这样是在不断累积不守信的记录次数，多了就会对自己履行承诺的能力失去信心。我们甚至会觉得连自己都不能相信，如果我们不相信自己，又怎么能相信别人？而这种自我怀疑往往是怀疑别人的根源。

大家经常被告知要定目标做计划，特别是在新学期开始，设定目标或规划愿景时，但有多少人能够真正坚持履行承诺呢？从我接触的人来看，大部分人都没有真正做到！

这样看，学习和生活中那些单纯靠自己就能履行的事儿，是最容易积累自我信用的！所以，如果你要设定第二天7：00起床，那就在前一天晚上想清楚，自己是否能准时起床，如果觉得起不来，就设定一个能够起来的时间，一旦闹钟响起来，就立刻起床。这也是我给我儿子的建议，一旦答应了，就做个时间点，如果担心过于投入忘记时间就提前做好提示准备，比如手表设置闹钟，或者请别人提醒（但要注意哦，一旦依赖于人，别人没有提醒，你就容易失信）。

当我们每一次信守了对自己的承诺，实现了一个又一个设定的目标时，就会对自己越来越有信心，这样就会形成一个正循环，会影响我们性格的培养，也会影响我们与别人的关系——赢得别人信任的关系。

不信任你？那是因为你并不了解信用包含什么

在和同学们交流时，我被问到特别多的一个问题是：和博士，你觉得我能不能提高成绩？这个问题一直是令我哭笑不得的，即使我清楚对方可能只是希望我给予鼓励。多年来，在我交流过的数万名读者中，有一个读者是令我印象最深刻的。

他是我另一本书《高中三年，我的奋斗我的梦》的读者，通过书籍加了我QQ，聊天时的第一句话是，"和博士，我想考清华大学，你能帮我吗？"更让人无奈的是，当时已经是暑假，他马上上高三，分数才290多分。虽说不想当将军的士兵不是好士兵，可是这个分数体现出来的能力，让我无法相信他能做到，因为我太清楚考上北大和清华的难度！

我没有直接否定他，而是和他分析了这个难度，告诉他实现目标虽然有可能但是太难了，这时候需要降低一些目标。但是他丝毫不改变，坚定地要考清华，而且说愿意为之付出一切代价！这让我很动容，只有一年时间，要想实现这个目标，就必须有看得见的进步，需要用分数说话！只有不断积累了成绩，才能让自己相信自己有希望实现目标！

接下来在整个高三，我们每周甚至每天都会交流，我帮他梳理困惑，指导他解决问题。在高三上学期期末考试时，他已经能考到570分了，能力增强、分数提高，这些看得见的进步给了他巨大的信心，也让我对他越来越有信心。特别是在一模时他的分数达到 620 分，二模达到 650 分后，虽然高考越来越近，但他的自信心却越来越强，在最后一次模考中他的成绩甚至达到了 703 分，完成了一次前所未有的逆袭！

这是在我二十多年咨询、教学和指导中出现的唯一一例进步如此大的学生，你可能会说这是个例不可能复制，确实几乎不可能再找到一个从 290 多分逆袭到 700 多分的人，但是他获得自信，收获与我之间的信任，以及取得成绩的方法却可以帮助很多人，至少提高两三百分是完全可以的！

关于我们如何一起逆袭的经验，大家可以在《学会自己长大③如何成为学习高手》中详细了解！

他从"盲目自信"到中间迷茫再到肯定自己，我也从不相信他到逐渐信任，并且最终形成一种属于我们之间的信任关系，这对于我们认识"信任"很有帮助。很多同学因为觉得别人不相信自己而很委屈，但如果你是他们，你是否思考过，你相信自己吗？你值得别人信任吗？你如何让自己和别人相信？特别是当朋友、老师或父母说不相信你时，你会怎么想？很多人认为这是在怀疑他们的品德，是一种侮辱，很难接受。但真的如此吗？这些都和对信任的理解相关，如果你不知道信任包含什么，在思考方向上就很容易出现问题。

关于信任，史蒂芬·柯维在《信任的速度》一书中谈到了信用有四个核心，我们可以从这样一个事实来理解：

如果一个同学很诚实，那么他说的话就很容易被相信，而如果一个人不诚实、常说谎话，对这个人说的话大家就不容易相信。再比如我儿子有段时间做出很奇怪的举动，就是容易把门反锁上，为什么要这么做呢？就是不想让我发现他在干什么，如果我出门时让他开着带监控的可视台灯，他也会拔掉线，这些反常举动背后的动机，很难让我相信他；再比如，如果让一个小学生做一道IMO（国际数学奥林匹克竞赛）题目他可能做不出来，不是不相信，是他可能真没有这个能力，就像让一个普通的清洁阿姨去造火箭一样，很难让人相信她有这个能力。为什么我开始时不太相信290分能逆袭考清华呢，很简单的逻辑就是这样的案例几乎没有，更何况只有短短一年时间，而为什么又有这么多人愿意相信我与我交流呢，是因为我积累了很多成功的案例，容易赢得信任。

通过这些事实，我们可以看到信用包含四个核心：诚实、动机、能力和成果。诚实和动机是关于品德的，一个人诚实指的是履行诺言，言行一致，有完善的人格，有勇气坚持自己的价值观；一个人如果不诚实往往不容易被信任，多数破坏信任的行为都是不诚实的行为；动机跟目的、方案和追求的结果相关，如果你真诚关心与自己有关的人，信任就会增加，如果为了自己的利益谋划，就容易被怀疑；能力是提升信心的手段，也是信任的关键，与一个人的技能、知识、方式、态度和天赋有关，一个人能力出众就容易赢得别人的信任；成果则是我们过去做成过什么事，如果过去积累的是正面形象，是成功案例，就容易赢得别人信任，反之，如果是空白成果，大家会怀疑是否具备相关能力。

柯维用一棵树比喻信用，"诚实"像树根在地表之下，是信用之树赖以生存的部分；"动机"是地表之上的树干，比较容易被看到；"能力"是树枝，是创造成果的能力；"成果"是树上的果实，可以被看见、触摸，能够被衡量，最容易被人看到和评价。

当父母说"我不相信你"时，并不一定是不相信你的品德，可能指的是你的动机，也可能是你的能力。那么如何让自己被信任，我将在接下来的内容中和大家一起探讨。

你永远有超乎所有人想象的一面，在关键时刻，逼自己一把，
逼出自己超乎别人想象的能力！

做对自己也对他人有信用的人

如果一个人长得漂亮或帅气可能容易受欢迎，毕竟爱美之心人皆有之；如果一个人学习很好，可能也容易受欢迎，毕竟可以帮助到人。但是受欢迎并不代表有信用，值得我们信任。喜欢一个人可能是因为他好看，并不是因为性格好；欢迎一个人可能是因为他学习能力强，可以提供帮助，但不一定是真心认可。

生活中有太多类似情形。前边我给大家讲人际关系，是我们无法离开人际，而且良好的人际关系对于我们的学习和成长有很好的助力。如果在学校被同学、老师孤立，在家里天天和父母吵架，这迟早会出问题。让自己受欢迎，拥有良好的人际关系，不是我们的终点，而是为了更好地学习和成长。不管我们成长的目标是什么，都需要对自己有信心，能信任自己，这样才能在纷杂的现实社会不迷失而是获得进步；而且更要成为值得别人信任的人，成为一个有影响力的人，才会有更大的舞台，而这个也是我未来在《学会自己长大》系列中探讨的内容。

面对他人时，我们希望看到的情形、听到的话语可能是：

自己：我相信自己，可以通过不断努力获得进步！

朋友与同学：我相信你，你能行！

老师：我相信你，你可以的！

父母：孩子你能行，爸爸妈妈相信你！

……

如何才能实现以上这一幕呢？

非常有效的方式是，用培养信任的方式来指导自己的行为，这可以大大提高自己的信任度，并且能够大大提升自己影响他人的能力！

在接下来的两章，我将从培养自我信任和赢得他人信任两个方向与大家一起探讨，如何通过这些培养方式，指导我们的行为，让我们成为值得自己和他人信任的人！

第二章

如何提升对自己的信心——自我信任

【对话和博士】

怎么做才能提升自信呢?

和博士,我觉得自己是个积极乐观的人,很开朗,大家也愿意跟我做朋友。这次竞选班长,好几个朋友推荐我,可是我担心做不好会辜负大家的期望。同学在一起经常谈各自将来想干什么,我却始终不敢说出自己的真实想法,因为担心做不到会被别人笑话。

我怎样才能提升自信,相信自己能做到呢?之前您给我留言说,"始于相信,成于坚持,终于看见"。我有了一些朦胧的想法,这次您可以给我一些具体的建议吗?

如何提高诚实度赢得信任？

谈到诚实，我们最容易想到的恐怕就是不说谎，不说大话空话，比较坦诚，讲真话，说实话。诚实的核心是言行一致、表里如一，也就是你的言语、行为要符合你的价值观，是你坚守的原则的外在体现。比如你如果坚持守时的原则，你会有时间观念，然后做事时的时间概念比较强，会有时间节点，在约定的时间前会有结果，这点尤其体现在对自己的约定上。比如设定了起床闹钟就会按时起来，规定好了几点回来就会几点回来。

提高我们的诚实信用度，从秉持的观点和原则看，就是做到言行一致，要信守自己做出的承诺。这个价值观相对有点抽象，不是一时半刻能够形成，我比较建议大家从原则的角度入手，列出来一些增加诚实度和品德的原则。这里特别要提一下谦虚的品德。有句话叫"谦虚使人进步"，指的是谦虚的人不自满，不会认为自己取得的成绩完全是靠自己，而且还懂得知不足，能积极向上。保持谦虚，我们可以从这几点着手：关心什么是正确的，而不是证明自己是正确的；致力于实践好的想法，而不是只说不做，只显示好的想法；注重团队合作，能够认可同学、家人的贡献。

有必要和大家谈的一点是，我们要有勇气维护自己的原则，比如我已经做好计划，准备先做作业，这时候有同学约你去外边玩儿，信守对自己的承诺就需要拒绝同学，但很多人为了维护同学关系，或者自己心动，而放弃了自己定好的计划，选择了去跟同学玩儿。只有我们具备坚持做正确的事情的勇气，尤其是在面对诱惑、冲突或困难的情况时，才更容易提高自己的诚实度！

寻找解决问题的方法时，有一个非常好的方式是，多角度提问，并尝试回答。关于如何使自己更诚实，我们可以问自己这样几个问题：

问题1：在与其他人打交道时，我是否真诚地尽量做到诚实？

问题2：我一般会言行一致吗？在什么情况下不容易做到？

问题3：在诚实上我有哪些原则？在遵守原则时，我感觉自在吗？

问题4：我能否敞开心胸，重新考虑问题，并接受别人的建议，同时重新审视自己坚持的原则？

问题5：我能否一贯地坚守对自己的承诺？在什么情况下坚守承诺很具有挑战性？

在提升对自己信任度的所有方法中，最有效的就是信守对自己的承诺，因为每次信守了对自己的承诺，不管是大的还是小的，自己都会得到自信。但在这里你要注意，不要做太多的承诺，不要没有想清楚就冲动地做计划，如果你对自己做了承诺，就要努力兑现承诺，尽力实现计划和目标。

一定要牢记：诚实度越高，就会拥有更多的信用！

如何改善动机赢得信任？

有些事，别人可能不知道，但我们自己会很清楚，比如我们有时候先去做作业，并不是把它当作最重要的事，而是因为完成后可以出去玩或打游戏。如果我们做事的动机不纯，或者有偏差，对自我信任影响很大。

动机和三个方面相关：做事的目的、解决问题的方案和行为。目的是做事的原因，"为什么做"往往决定了我们"做什么"，如果目的是出于关注和关心就更容易赢得信任；解决问题的方案是根据做事目的制定的，如果目的是出于关心自己的未来成长，我们所做的解决问题的方案才是有益的共赢的；行为则是目的和方案的体现，比如你在屋里上网课，但把门反锁了，动机很明显就是不希望父母看到。

改善动机，提升信任度，可以努力做好这两点：

第一点，公开你做事的动机，让别人知道你为什么做、你将如何做，让别人知道你的行动方案，以及让别人看到你的行为，就如同目标一定要写出来一样，公开动机了，一是别人知道了可以督促自己，二是自己也不容易放弃。公开意味着在阳光下进行，这样在别人看到你的行为时，也可以理解你，这本身就是自信心的体现。

第二点，让自己"有余"，即拥有的东西是充足的，有足够多的东西分享。"有余"既是努力的方向又是一种结果，因为不缺，就更容易产生自信，而且别人也容易相信你。如果自己学习都很糟糕，不相信自己可以去帮助别人学习，别人也不会选择让你帮助的。

不是因为有了能力才有使命和责任，
而是有了使命和责任才具备能力

如何提升能力赢得信任？

一个不可否认的事实是，有能力才能赢得信任！在学习上，一旦我们在某次考试中取得了巨大进步获得了好成绩，就有继续获得好成绩的念头。随着所学内容的增多，要求我们不断提升自己的能力，越看到成绩越努力提升能力，自信心就会越强，这就是一个正向循环。

在学生阶段，我们一提到能力，通常会想到学习能力，即取得好成绩的能力，如果不能在升学考试中取得好成绩，其他一切特长能力好像都显得无力。关于如何在学习上提升成绩，在《学会自己长大③如何成为学习高手》中有详细讲解。这里我想从另一个角度谈谈如何提升能力。

第一，我们要尽可能了解自己的天赋特长，然后在你的特长上精进，发挥优势！ 所谓特长是你具备这方面学习的优势，学起来比较快，也愿意花时间坚持下去，而且发自内心喜欢学。在如今这个多元化发展的时代，除了好的学习成绩，特长也很容易打开你未来更多的可能性。

在了解天赋特长方面，我对自己以及孩子都做过这方面的测试，以帮助我更好地了解孩子的天赋底色，从而纠正了我很多错误的教育方式和培养模式。我的观念是，先通过已有的手段，尽可能了解清楚自己，然后再利用优势发展。我实践和研究过的测试，未来会分享到短视频中，如果你感兴趣也可以通过微博联系到我进一步探讨。

第二，改善我们对待学习和生活的态度，采用更积极向上的态度取得更好的成果。 在《学会自己长大①如何成为更好的自己》一书中，我谈到了拥有积极主动的态度以及培养成长型思维的一些建议。

第三，与时俱进，更新技能和知识。 在过去这些年，我发现一个有趣的现象，绝大部分同学总是在开拓新内容，但在盘点已有知识或能力方面做得不够，甚至很少思考过去为什么学会了这些技能，似乎过去的学习方法和技能对未来没什么用，而总是在渴求新方法。我们更应该做的是，知道现有的技能和知识，然后，对现有技能和知识做出与时俱进的对比，看再进一步是什么样子、未来是否适应、再学习什么可以进一步发展这个优势，大家可以试试这个更新发展表格。

表格使用说明：

第1列：写出你已具备的知识和技能，每行写一项即可；

第2列：写出这项知识和技能进一步发展的状态，可以从功能角度（考级、考证），或者兴趣、能力（培养能力）等方面；

第3列：写出进一步学习的知识和技能的相关内容，比如完成下一个目标的明确要求，可以提供帮助的人，可以学习的资料，可以使用的工具等；

又前进了两名

第4列：写出是否值得进一步学习的思考，从重要性、时间、精力和财力资源等方面考虑能否兼顾平衡，从断舍离角度进行分析思考。

表 5-1　技能与知识发展更新表

已具备的知识和技能	当下和未来更进一步的状态描述	相关的知识和技能	未来是否值得进一步学习
技能1：围棋	考级：进一步考级 兴趣：喜欢，进一步坚持学习 能力：进一步提升能力	等级详情：了解进一步发展的等级分类和要求； 老师：能否找到指导的老师；	重要性：对你有多重要？ 时间、精力、财力：这些是否足以支持学习？ 平衡：不考虑考级，只是出于喜欢去学习，并获得能力，是否可行？
		学习内容：书籍、视频等学习的资料； 练习工具：可以练习的应用工具；	断舍离：如果时间、精力有限，需要暂时搁置甚至舍弃发展的技能是什么？

第四，改善我们处事的方式、学习的方式和行动的方式。 方式的改变源自观念改变，值得注意的一点是，在网络信息泛滥的今天，我们极为需要分辨能力，特别是逻辑分析能力，很多网络的言论经不起逻辑推理。处理事情的方式，涉及因素比较多，可以从让结果向好的方向发展、实现双赢的角度着手；尝试在学习上，我推荐大家使用"自主学习模式"，这在《学会自己长大③如何成为学习高手》中有详细分析。

第五，明确前进的方向。 向老师、父母或专业人士请教发展方向，不再盲目发展。一旦知道了自己要去哪儿，就容易知道需要匹配什么能力，进而可以培养自己这方面的能力。一旦方向清晰，能力不断提升，我们对自己的信任度就会提升。

> 上天不让我死，必然是要有所贡献的。
> 坚信自己来到这个世界，是肩负使命背负洋恩的

如何改善成果赢得信任？

你是不是也说过"请相信我一次"这样的话,或者经常听到这样的话?如果有过去的成果积累,根本不用这么说,但如果没有积累,或者过去经常没有兑现承诺,才会出现这种情况。

先不谈让别人信任,如果你对自己说"这次我一定能做到",就必须付诸行动实现它,不然自我信任度就会进一步下降,甚至被摧毁!

虽然有点夸张,但确实如此,没有成果就没有信用。谈到成果极为重要的是,面对过去的成果,我们努力做的也正是积累"过去的成果";拿结果说话就是:这次我做到了,上次我做到了,上上次我做到了,过去我有很多次做到了,我有这方面的能力,意味着现在或将来我也比别人更容易做到。这就是自信心,这样自信的你也更容易赢得别人的信任!

要改善成果,我们需要思考两个问题:

问题1:我要取得什么成果?

问题2:我要如何取得这些成果?

提升自我信任最直接的方式,就是增加成果的积累,从小事开始,一件一件积累。比如之前我提到的早上设定闹钟起床的事情,铃响时就起床;做了计划几点写作业,到点就开始。提升成绩,需要一个过程,这时候从各种小事开始改善,一旦这些好的成果积累了,自信心会提升,父母、老师、同学对自己的信任也会提升，一旦进入良性循环，就会越来越好。对于需要时间、有挑战的目标，可以将其分解成一个一个小目标，积累小成果，就会提升自信心。

关于积累成果，我有三个经验分享给大家：

经验一：**有结果思维**。关注结果，对结果负责，能够承担责任，不去指责抱怨他人。自己是一切的根源，任何事情的发生都会产生结果——好结果与坏结果。知道更好的结果是什么样子；要获得好结果，需要做哪些事情或具备什么能力？如果没有达到，也尽可能避免不好的结果发生；如果无法避免就努力承担起责任，从自身思考问题，找出自己的问题，努力改善，力争下次做得更好，而不是把原因归于外界，指责抱怨别人。

经验二：**期望成功**。心理学中有个非常著名的实验，即心理学家罗森塔尔在1968年，从一所小学一至六年级中各选三个班的儿童进行"预测未来发展的测验"，然后，将认为有"优异发展可能"的学生名单通知给老师。其实，这些名单并不是根据测验结果确定的，而是随机抽取的，只是罗森塔尔这些实验人员用"权威性的谎言"暗示老师，从而让这些老师对名单上的学生有了某种期待。8个月后，再次进行智能测验的结果发现，名单上的学生的成绩普遍提高，老师也给了他们良好的品行评语。这个实验取得了奇迹般的效果，这种通过老师对学生心理的潜移默化的影响，从而使学生取得老师所期望的进步的现象，被称为"罗森塔尔效应"。

在学习和成长中，保持获胜的期望可以增加我们成功的机会，帮助我们取得更好的成果；一旦获得更好的成果，就会提升我们的自信心，形成良性循环，这就是心理学上所讲的自我实现的预期。所以，无论做什么事，我们都需要抱着一种期望成功的心态，期望自己成功，也期望别人成功。

经验三：做事善始善终。有结果导向，要么不开始，而一旦开始就要有结果，不是草率了解，而是尽自己努力获得更好的结果。

每次都是后几名，从未被超越

第二章

如何赢得别人的信任——关系信任

【对话和博士】

怎样才能赢得同学和老师的信任?

和博士,我现在刚上高中,可能是因为入学成绩比较好,加上我比较外向且乐于助人,老师任命我当了班长。我喜欢读书,还读过不少关于管理相关的书籍,将来想带领一些有共同想法的人创业。老师任命我做班长,我觉得是个很好的锻炼机会。我也特别希望成为一个好班长——不仅仅是获得班长这个职务,更能赢得同学和老师的信任。我特别喜欢您在《学会自己长大》中提到的"自己是一切的根源",所以我想向您请教,怎样才能赢得同学和老师的信任,做一个优秀的班长呢?

赢得他人信任的行为

赢得信任，我们可以从信用的四个核心下手，相信现在你已经有了信用的观念了，这时候就要从行动——说话和行为——上改变。信用的四个核心中，诚实和动机与人的品德有关，能力和成果与才能相关，破坏一份信任最快的方法是做有违品德的行为，建立一份信任最快的方法是展示与才能有关的行为。

史蒂芬·柯维在《信任的速度》一书中列举了13种与品德和才能相关的赢得信任的行为，我们可以学习并构建自己的信任体系。

与品德相关的五个行为：

行为1：表达尊重。我们的行为要显示出对他人最基本的尊重，真诚地关心别人，表现出你的关心，特别是在细小的事情上表现出关爱；不假装关心，不势利眼，对每个人都要尊重，特别是那些对你来说没有利用价值的人。

行为2：直率交流。坦诚交流，说实话，给出事情本来面目；不说谎，不篡改事实、扭曲真相、制造假象；能清楚地交流，让人了解自己的立场，给人正确的印象，不让别人误解自己。

行为3：公开透明。一切在阳光下进行，真诚开放，让别人看清事实，不做暗箱操作，不隐匿信息。

行为 4：匡救弥缝。犯了错误真诚迅速道歉，及时做出补救行动；在犯错时，注意自己的反应，是不理会、辩解甚至掩盖，还是立即承认错误尽力补救？想想自己的过去，看是否还有没有被纠正的错误，还有值得修复的关系；当别人做了对不起你的事情时，也尽可能给别人改正的机会，原谅别人也是在帮助自己。

行为 5：显示忠诚。以尊重他人的态度来谈论他人，别人不在场的时候也要像他在场一样谈论，有勇气当面对别人说出你对他的想法，承认别人在取得成果中做出的贡献。

与才能有关的五个行为：

行为 6：取得成果。取得成果可以改变别人对你的批评态度，所以要建立起取得成果的良好记录。做正确的事，善始善终，在规定的时间内完成自己的任务，不要开空头支票只说不做，没有取得成果时也不要找借口，这些都是积累成果。

行为 7：追求进步。不断地进步可以建立信任。我们可以多征求别人的反馈，同时也从自己的错误中吸取教训获得进步；感谢那些给予反馈的人，不自满，不要以为现有的知识和技能可以应对明天的挑战，永远学习，不断提升自己的能力。

行为 8：面对现实。找到事情的根源，不回避真正的问题。不像鸵鸟一样把自己的头埋在沙子里；能直接说出棘手的问题，说出那些说不出来的话，勇敢地谈话。

行为 9：明确期望。事先弄清楚要做的事情是什么，要得到什么样的结果，并达成共识。学会对任何事情给出具体的标准：得到什么结果？谁来做？什么时候？如何衡量它？如何判断是否达到目的？由谁来对要达到的目标负责任？即使有时候很难明确期望，但还是要说出来，如果大家对期望都已经明确了，就不要违背期望。

行为10：负起责任。有了明确的期望，就可以更好地负起责任。要清晰地与他人交流，明确自己和他人应该做些什么。不要绕开或推卸责任，不要指责怪罪别人，一方面自己要负起责任，另一方面也要让他人负起责任。

品德与才能兼具的三个行为：

行为11：先听后说。听之前你得明白听什么，为什么听，然后用你的耳朵、眼睛和心去听，认真体会他人的行为方式，先弄明白别人的意思，理解他人，再做出判断；不要自以为是认为自己知道了什么对别人重要，更不要以为你了解了所有的问题和答案。

行为12：信守承诺。这是所有行为中最重要的，也是最快建立信任的行为。做承诺时要小心，一旦做出就要信守，更不要为自己破坏承诺找借口。

奋斗还是妥协取决于你

行为 13：传递信任。要倾向于信任，信任他人，他人就会真诚地对待你；好好对待他人，他人就会好好地对待你。学会根据不同的情况、风险和信用，适当地传递信任，要保持信任的倾向，不要因为有风险存在而完全不去信任。

我们在建立信任时，可以开设一个信用账户，增加信任的行为就像在银行存钱，而消耗甚至破坏信任的行为就像在银行取钱。如果我们想赢得别人的信任，可以每日在信用账户中记录我们的行为，这样我们可以清楚地知道自己是在"存信用"还是"取信用"，我们可以在信用账户中罗列出行为清单——增加信任和破坏信任的行为清单。

你可以立刻开始制订一个计划，在学校和家庭中实践这些行为！

如何在家庭中赢得父母的信任？

要想真正践行赢得他人信任的行为，首先要理解他人，能够站在他人的角度思考问题，具备同理心。在家庭里受欢迎，坦诚说，是可以有很多表演成分的，比如满足了父母的要求，会得到一种表面上的受欢迎，但对于你自身而言，是否真心地接受并满心欢喜就不一定了。有些孩子表面上很听父母的话，在家里看上去真的是乖宝宝，但一直在压抑内心，看上去赢得了父母的信任，但这并不是真正的信任关系。真正的信任是自我信任与关系信任的结合。这也是我希望大家明白的，受欢迎只是起点，实现自我信任和关系信任才是人际关系的核心，这种内在的自信心和良性社会关系的助力才能更好地帮助我们成长进步。

在家庭里赢得信任，首先要能够理解父母。他们的出发点是为了我们能有更好的未来，他们会有更多的理性思考，当然，很多时候可能会忽视了孩子的感受，这恐怕是大多数家庭都面临的问题——父母的规划和要求与孩子接受度之间的矛盾。

赢得父母信任，我们可以在这几点上下功夫：积极主动的态度、竭尽全力行动、不断取得进步、优秀的习惯和好的品格。

父母虽然也很看重学习成绩，但更看重的是你是否态度上认真，是否做事的时候竭尽全力。也许你不能像有些优秀的孩子那样成绩优良，

但可以不断取得进步看到希望。结合前面谈到的行为,你可以试试这样做:

行动 1:直率交流。 跟父母坦诚交流,学习上实事求是,有什么想法可以心平气和与父母沟通,比如我想去哪儿玩儿、什么时间回来,而不要说谎,要主动与父母交流自己的需求或目标。

行动 2:明确期望。 弄清楚父母对自己的期望。很多时候,父母自己都没有明确的标准,而标准不定,就意味着孩子做完了,家长又会对比更高的目标,这会打击孩子的积极性;与父母直率交流,明确各自的期望并达成共识,记得哦,你越主动就越能够赢得好感。

行动 3:公开透明。 主动告诉父母,你的学习目标和学习计划,请父母监督,一切都在阳光下进行,让父母理解你。

行动 4:匡救弥补。 如果犯了错,第一时间积极主动向父母承认错误,并且制订补救方案。要用行动说话,一定不要说谎或隐瞒,因为事情发生了,你已经改变不了事实,但可以改变别人对你的看法,以及针对结果你可以采取哪些行动。问题也是我们进步的机会,面对事情发生后的做法,才是能否赢得信任的关键。

行动 5:追求进步。 横向对比找出不足和差距,寻找标杆、示范和榜样;纵向对比看到过去、现在的不足与进步,根据自己的情况制定合理的进步目标。

行动 6:取得成果。 当犯错的时候,你会发现父母可能不会就事论事,往往会翻旧账,告诉你之前你还犯了哪些错!事实胜于雄辩,所以要积累有说服力的成果,用行动回复,用事实说话。

行动 7:负起责任。 作为家里一分子,要主动承担家庭建设的义务,比如帮忙打扫卫生,收拾好自己的房间,自己的袜子、内裤自己洗等;

出了问题主动承担责任，不找借口指责别人，而是积极寻找解决办法。

行动8：信守承诺。赢得父母信任最重要的事情，特别是在家里的小事上，就是做出承诺一定要兑现，对父母的吩咐主动给回复；有结果导向，做事前心里思考更好的结果是什么样子，自己如何做到更好的结果，用更好的结果兑现承诺。

另外，我们在家庭中赢得自我信任以及父母信任，还可以培养良好的习惯；推荐你读读《杰出青少年的七个习惯》。关于培养习惯的方法，你可以阅读我的《学会自己长大①如何成为更好的自己》，在书中我分享了践行习惯的"四步魔法"。开始践行这七个习惯吧，更好地提升自我信任和赢得父母信任！

习惯1：积极处世。我是自己生活的主人，我能选择自己的态度，我要积极主动，并对自己的学习和生活负责。

习惯2：先定目标后有行动。清楚地构想未来更好的自己：我是自己学习和生活的司机不是乘客，我要制定进步的目标，绘制通往目的地的路线图，然后再去行动。

习惯3：重要的事情先做。确定优先次序，然后安排自己的时间，把最要紧的事情最先完成，不拖到最后，这样才能不让障碍挡住你的去路。

习惯4：双赢的想法。抱着人人都能成功的态度，不是你胜我负也不是我胜你负，而是我们可以共赢！

习惯5：先理解别人，再争取让别人理解自己。先倾听别人，然后你再说；学会从别人的角度看问题，然后再提出你的意见。

习惯6：协作增效。携手合作，超越你的或我的，能比单独任何一个人更好地解决问题。

习惯 7：磨刀不误砍柴工。 让自己的身体、头脑、心态和思想定期进行休整、恢复和充电、更新，实现平衡和持久。

现在就行动吧，相信你一定可以赢得父母的信任，也欢迎你和我分享成功的经验哦。

> 只要你找对学习方法，好好努力，学习成绩一定会提高的

> 可是，我一直都是这个成绩

> ……

如何在学校赢得老师和同学的信任？

在学校获得老师和同学的信任，和在家里赢得父母信任有很大差别。父母是无条件地为了你的未来着想，而且注重的是长期发展。站在老师的角度，你只是众多学生中的一个，即使老师希望自己的学生都好，但是老师的时间和精力有限，也不可能完全在某一个学生身上，相比于未来长久的发展，老师也同时会注重你在当下班级中的表现，更希望看到你在班级里的进步；站在同学角度，虽然有竞争，但他们也希望班级同学都变得优秀，就如同希望世界美好一样，同学优秀也可以助力自己更优秀，这是一种良性竞争，但不可忽视的一点是，不要妨碍到我，这个诉求恐怕更加重要。

受欢迎不一定得到信任，赢得信任也不一定受欢迎。想成为受欢迎的人，但不能丧失自己的原则一味迎合他人，那种受欢迎只是表象，无法落实到行动上，更无法成为信任。我希望大家把两个层面结合起来，既成为受欢迎的人，又成为值得信任的人！

要赢得老师的信任，除了在提升自我信任和赢得父母信任的行为上下功夫外，还有两个最容易入手的方面：

方面1：在态度上做出改变。 赢得老师信任，最快的方式就是改变态度，从被动到主动，从散漫到认真，从无所谓到很重视。主动找出自己的问题，列出问题列表，并积极请教老师或同学；认真对待作业，准时或提前高质量完成任务，特别是在书写上，认真与否很容易辨别出来，书写整洁，答题规范，这也是最基本的要求，重视起来做出改变吧。

方面 2：积累小成果，让老师看见进步。 先从容易改变的做起，比如课上认真听课、课堂回答问题、课堂小测等，只要是能获得小进步的不断积累，然后，根据学科制定进步目标，分解到具体知识点和题型上，让老师看见你的行动，这本身就是一种进步的积累。

在学生阶段，同学之间的人际关系，相对比较单纯，要想赢得同学的信任，最主要的是你得是一个靠谱的人、值得信任的人，你的信用度来自于你自身的品格和能力——人品越好能力越强，你在同学中的信任度就越高！所以，要想赢得同学的信任，核心还是在自身信用度上下功夫。

附录——**工具索引**

工具一：同伴矛盾分析解决表— 022

工具二：和老师说说心里话— 044

工具三：青春期情感思考表— 067

工具四：情感自省表— 083

后记

感谢你能读这篇文字,《学会自己长大》出版至今已经十年了,这十年来它也帮助无数读者走出了成长困惑。感慨时间飞逝,世界也发生了巨大的变化,但令我感受最深的是,无论外界的变化多么巨大,个人成长进步的核心依然是自己。成长环境的变化,可能让成长面临的问题更加复杂,比如现实社会和虚拟网络社会的日益融合,网课也让网络成了我们学习和成长极为重要的载体。

那时候和同学们的链接更多是通过QQ、公众号和书籍,网络新媒体的发展,让我们的交流变得更加多元,既可以在线上直播,也可以看一系列分析问题的短视频。但是,让我更坚定的是,文字的力量,文字的阅读能让我们静下心来,深度思考我们成长中出现的问题。正是对此有了深刻的理解,在十年后的今天,我重新梳理了《学会自己长大》,从原来的两本书变为现在的三本书:《学会自己长大①:如何成为更好的自己》《学会自己长大②:如何成为更受欢迎的人》《学会自己长大③:如何成为学习高手》。在①中,我更强调自身内在,是我们自己的自我问题、学习问题、情绪问题、行为问题,以及目标生涯规划问题,看到问题的多个方面,在思考中找到让自己变得更好的方向、方法和力量;而在②中,我更强调自己与外界的关系,分析成长中与同学、朋友、老师和父母之间的人际问题以及我们青春期懵懂的情感问题,正视并重视我们的人际关系，意识到这种决定我们学校表现和未来成就的"学习能力"，然后指导大家如何提高自己的人际交往能力，认识信用，帮助大家成为值得自己和他人信任的人；在③中，通过分析我指导过的学生、自己的学习经历和其他学习高手的学习经历，向大家分享当下和未来至关重要的自主学习模式，尤其是在今天的互联网时代，如何获得更多优质资源，降低学习成本，成为学习高手。

这十年，也是我人生最动荡的十年，看到和经历太多浮沉，越发认识到自己是一切的根源，唯有坚持才能走出困境。"相信，坚持，看见"这六个字更是我深深刻在骨子里的，始于相信，成于坚持，最终看见！《学会自己长大》不仅仅是给青少年同学们看的，更是我自己走出困境的思想来源。

这十年，深受众多朋友和前辈鼓励，尤其是黄明安院长和袁隆平院士，他们的研究、理想和坚持不懈的精神，是我坚持做教育的动力。认识黄明安院长始于我的大学同学，他们跟七十多岁的黄院长在柬埔寨培育瓜尔豆，后来在柬埔寨培育种植超级水稻，老爷子八十岁的生日时，我让办公室的伙伴送了一份描绘他经历的手绘画册。袁隆平院士是黄院长的私交好友，如同我跟我同学的关系，我的书籍也深受两位前辈的鼓舞和支持！

成长是我们一生的话题，不管社会如何变化，自己是一切的根源，再多的资源，也需要回到自身，需要自己动起来，破解成长的困惑，让问题成为我们进步的力量。

《学会自己长大》系列开启新的十年，未来我也希望从更多方面帮助到大家，比如如何在移动互联网的变化时代规划我们自己的人生，如何更好地和朋友、父母沟通，如何具备批判思维能力而不迷茫于虚拟网络中，如何在移动互联网甚至元宇宙、人工智能时代成为有影响力的人……

《学会自己长大》从最初的青春自助手册到现在的全新样貌，我希望它能够成为我们的一种信念：我们会成长进步，会发光发热，我们的未来会更好，成为家庭支柱，成为国家的力量！

再次感谢你的阅读！

感谢长江文艺出版社的大力支持，感谢我的责编的支持和督促，让《学会自己长大》系列重新焕发生机，十年磨一剑，开启新的未来。变化的未来中，唯有"学会自己长大"不变！

图书在版编目（CIP）数据

学会自己长大. 2，如何成为更受欢迎的人 / 和云峰著. -- 武汉：长江文艺出版社，2023.8
ISBN 978-7-5702-3065-5

Ⅰ. ①学… Ⅱ. ①和… Ⅲ. ①性格－培养－青少年读物 Ⅳ. ①B848.6-49

中国国家版本馆CIP数据核字(2023)第073122号

学会自己长大. 2，如何成为更受欢迎的人
XUEHUI ZIJI ZHANGDA. 2, RUHE CHENGWEI GENGSHOUHUANYING DE REN

| 责任编辑：刘兰青　龙子珮 | 责任校对：毛季慧 |
| 封面设计：漠里芽 | 责任印制：邱　莉　王光兴 |

出版：长江出版传媒　长江文艺出版社
地址：武汉市雄楚大街268号　　　邮编：430070
发行：长江文艺出版社
http://www.cjlap.com
印刷：长沙鸿发印务实业有限公司

开本：700毫米×970毫米　　1/16　　印张：12.25
版次：2023年8月第1版　　　2023年8月第1次印刷
字数：151千字

定价：42.00元

版权所有，盗版必究（举报电话：027—87679308　87679310）
（图书出现印装问题，本社负责调换）